KB252392

맛있다! 빵반죽

촬영 Masaharu Shirane
북디자인 Yoshiro Nakamura Yen
디자인 어시스턴트 Sakurako Hagawa Yen
발행인 Sunao Onuma

맛있다! 빵 반죽

스펀지, 파운드, 시폰…
입안에서 스르륵 녹는 최고의 레시피

고지마 루미 지음 | 송수영 옮김

이아소

널리 알리고 싶은 최고의 레시피

무스나 셔벗 같은 냉과, 제철과일을 이용한 생케이크, 구운 케이크, 식감도 다르고 맛도 각기 다른 재료를 조화시킨 케이크… 그야말로 서양 디저트의 세계는 맛과 종류가 무궁무진하다. 그중에서도 내가 가장 좋아하는 것은 오븐의 뜨거운 열을 가득 품은 갓 구운 빵. 재료 반죽만 잘하면 그다음은 두고두고 행복한 시간이다. 따끈따끈한 빵을 조심조심 맛보면서 내가 언제나 추구하였던 것은…

> ## 심플한 레시피, 그런 만큼 식감에도 개성이 가득.
> ## 여운이 남는 소울 푸드 빵.

부드럽게 부풀어, 그러면서도 속은 촉촉한 스펀지케이크, 버터 향이 가득하면서도 가볍게 부서질 듯한 쿠키, 버터와 밀가루의 풍미가 입안 가득 퍼지며 미끄러지듯 식도를 타고 넘어가는 스콘… 모두 나의 숍 '오븐 미튼'에서 경험할 수 있는 특별한 맛이다. 생지(반죽)를 만든다는 것은 서로 다른 재료들을 한데 모으는 작업이다. 즉 어떻게 거품을 내고, 어떻게 혼합하며, 어떻게 구울까 하는 기술이 핵심이다. 이 미묘한 밸런스에 제빵의 어려움과 무한한 가능성이 있으며 나에게는 최상의 즐거움, 매력이기도 하다. 오븐 빵에서도 역시 소재가 중요한 것은 두말할 나위 없다. 신선하고 좋은 재료를 골라 적량을 사용하는 것이 최고의 맛을 만들어내며 한편으로 이를 최대한 살리는 것이 바로 그 빵에 맞는 테크닉이다.

> 밀가루, 달걀, 버터
각각의 따스한 맛이 섬세하게 느껴지는…

나는 오랫동안 바로 그런 생지가 만들어지기까지의 공정을 친절하게 전달하고자 노력하였다. 벌써 꽤 오랜 시간 진행해온 빵 만들기 교실을 통해 신선한 재료, 적절하면서도 심플한 배합, 가장 맛있게 구워지는 최적의 시간에 대해 강조하였다.
그러나 가장 많이 받는 질문은 역시 달걀과 버터의 거품 내는 법과 밀가루를 넣은 뒤 섞는 방법에 관한 것이다. 나도 제과학교를 졸업하고 프로 세계에 들어왔을 때 가장 충격을 받은 것이 바로 섞는 테크닉이었다. 선배가 밀가루를 넣고 100회 정도 휘저어 반질반질 광택이 나면서도 가벼운 생지를 만들었을 때 솔직히 무엇을 하려는 것인지 의아하였다. 알고 보니 그것은 '스펀지 반죽'이었는데 너무 부드러워서 마치 아이스크림처럼 입안에서 부드럽게 녹아 감동을 받았다. 뿐만 아니라 달걀의 풍미가 진하게 느껴졌던 기억이 생생하다.
이 책에는 이처럼 일반적인 레시피에서는 좀처럼 볼 수 없었던 거품 내기와 재료의 혼합 테크닉을 소개하고, 각각의 빵에 맞는 기술을 담았다.

> 거품 내는 방법이나 섞는 방법을 바꾸는 것만으로도
전혀 다른 맛있는 생지가 만들어진다.
빵 만들기가 깜짝 놀랄 만큼 즐거워진다.

널리 알리고 싶은 최고의 레시피   4

맛있는 빵 만드는 필살기, 거품 내기   9
맛있는 반죽을 만들기 위한 노하우   11

스펀지케이크
딸기 쇼트케이크   13   16
에그롤   14   18
홍차 풍미의 초콜릿 크림케이크   15   20
초코롤   22

파운드케이크
프루츠케이크   24   26
햇생강 파우더케이크   25   28
사탕수수 설탕을 넣은 컨트리케이크   30   32
향신료 풍미의 프루츠케이크   31   33

사블레
키훼른   35   38
홍차 사블레   36   39
슈프리츠   37   41
피칸볼   42   44
허브 쇼트브레드   42   45
짭조름한 맛 파이쿠키 3종   43   46

스콘
플레인 스콘   49   52
허브 스콘   50   53
참깨 스콘   50   53
호두와 건포도 스콘   51   53

시폰케이크

바닐라시폰 57 58

향신료 풍미의 프루츠시폰 62 64

바나나 초콜릿시폰 63 65

피낭시에

피낭시에(아몬드 풍미) 67 70

코코넛 피낭시에, 헤이즐넛 피낭시에 68 71

살구 피낭시에 69 71

고구마 피낭시에 72

치즈케이크

베이크드 치즈케이크 74 76

수플레 치즈케이크 75 78

건과일 향신료절임 80

생강 절임 80

라즈베리잼 81

도구에 대하여 54

재료에 대하여 55

이 책 레시피에 대하여

• 달걀…껍데기를 제외한 내용물만을 g으로 표시하였다. 일반적
으로 달걀이라 표기된 것은 껍데기를 깨서 무게를 재주고, 흰자
혹은 노른자로 표기된 것은 각각 알을 나눈 상태로 계량해준다.

• 액체(우유, 생크림 등)…대부분 중량을 g으로 표기하였다. 다른
재료와 마찬가지로 디지털저울로 분량을 정확하게 잴 수 있기 때
문이다. 또한 차례차례 재료를 합산해나가기에 편리한 경우도 많
기 때문이다.

• 재료는 P.55의 내용을 보고 선택하기를 바란다.

> 이 매끈함에 주목!
  크림처럼 거품을 낸 달걀이다

맛있는 빵 만드는 필살기, 거품 내기

한번 상상해보자.

사진처럼 크림 형태로 거품을 낸 달걀에는 작은 공기 거품이 무수하게, 그리고 균일하게 형성돼 있다.

이 거품은 쉽게 꺼지지 않기 때문에 밀가루를 충분히 섞을 수 있고, 이후에는 그 밀가루의 힘이 거품을

지탱해준다. 이것을 구우면 반죽 전체가 균일하게 부풀고, 고운 입자는 입안에서 사르르 녹아

부드러운 식감을 만들어낸다. 공기 거품이 크면 풍성해 보이지만 반면 쉽게 꺼지므로

밀가루가 잘 섞이지 않는다. 폭신한 상태에서 구우면 모양새는 잘 부풀지만 그만큼 쉽게 생지가 가라앉아 쪼그

라들기도 한다. 이는 달걀노른자와 흰자를 모두 사용하는 공립법의 스펀지케이크나 파운드케이크에

적용된다. 다만 시폰 등 빵에 따라서는 식감이 균일할 경우 오히려 단조롭게 느껴질 수도 있으므로

이런 때는 일부러 크고 풍성한 거품을 남겨두는 테크닉이 필요하다.

이 책에서는 각각의 빵에 따라 달라지는 거품 내기 방법을 상세히 소개하고 있다.

핸드믹서로 거품을 낸다

거품내기는 핸드믹서를 이용한다. 사람의 손으로는 속도를 내는 데 한계가 있기 때문에 만족할 만한 공기의 양을 얻기 힘들다. 다만 기종에 따라 날개 모양이나 회전 속도에 차이가 나므로 주의가 필요하다. 레시피에 거품의 상태와 그것이 만들어지기까지의 시간을 표시하였으나 그보다 다소 시간이 걸리더라도 그 상태까지 충분히 거품을 내는 것이 중요하다. 달걀(노른자, 흰자 모두)을 미지근한 물에 중탕한 상태에서 거품을 내는 이유는 두 가지다. 하나는 거품 생성에 도움을 주는 설탕을 완전히 녹이기 위해서이고, 또 하나는 달걀을 적당한 온도로 데워서 좀 더 효과적으로 거품을 내기 위해서다.

힘 있는 거품을 만든다

다소 깊이가 있는 볼을 안정적으로 놓고 믹서 날개가 수직으로 오게 한다. 날개를 회전시키면서 핸드믹서도 함께 크게 원을 그리듯 돌리면서 거품을 낸다. 날개가 볼에 가볍게 닿아 경쾌한 소리가 나는 정도가 좋다. 달걀노른자와 흰자를 모두 넣는 방식인 경우는 10초간 20회 정도 원을 그려준다. 흰자로 머랭(달걀흰자에 설탕을 섞어 구운 것)을 만드는 경우는 10초간 30회 정도, 노른자가 들어갈 때보다 더 빠르게 돌려 힘 있는 거품을 만든다. 거품을 내는 범위도 볼 전체가 아니라 3/4 정도에서 집중적으로 10회 정도 원을 그리고, 볼을 1/6 정도 회전시킨다. 이 동작을 반복한다(사진은 오른쪽에 서서 작업했을 때 손의 모양).

섬세한 거품의 결을 만든다

달걀이 리본 모양으로 떨어질 때까지 거품을 낸다. 이제는 결을 정돈한다. 사진은 공립법의 작업이다. 우선 날개 회전을 저속으로 하여 이번에는 믹서 자체를 고정시켜 한 곳에서 10초 정도 거품을 낸 뒤 볼을 조금씩 회전시킨다. 이렇게 해서 다른 곳의 거품을 내고 역시 볼을 돌려준다. 이 동작을 반복하여 볼을 천천히 1~2바퀴 돌린다. 이렇게 하면 거칠었던 큰 거품이 사라지고 촘촘하고 세밀하며 균일한 거품이 만들어진다. 이 상태까지 되면 거품이 꺼지지 않고, 힘이 있다.

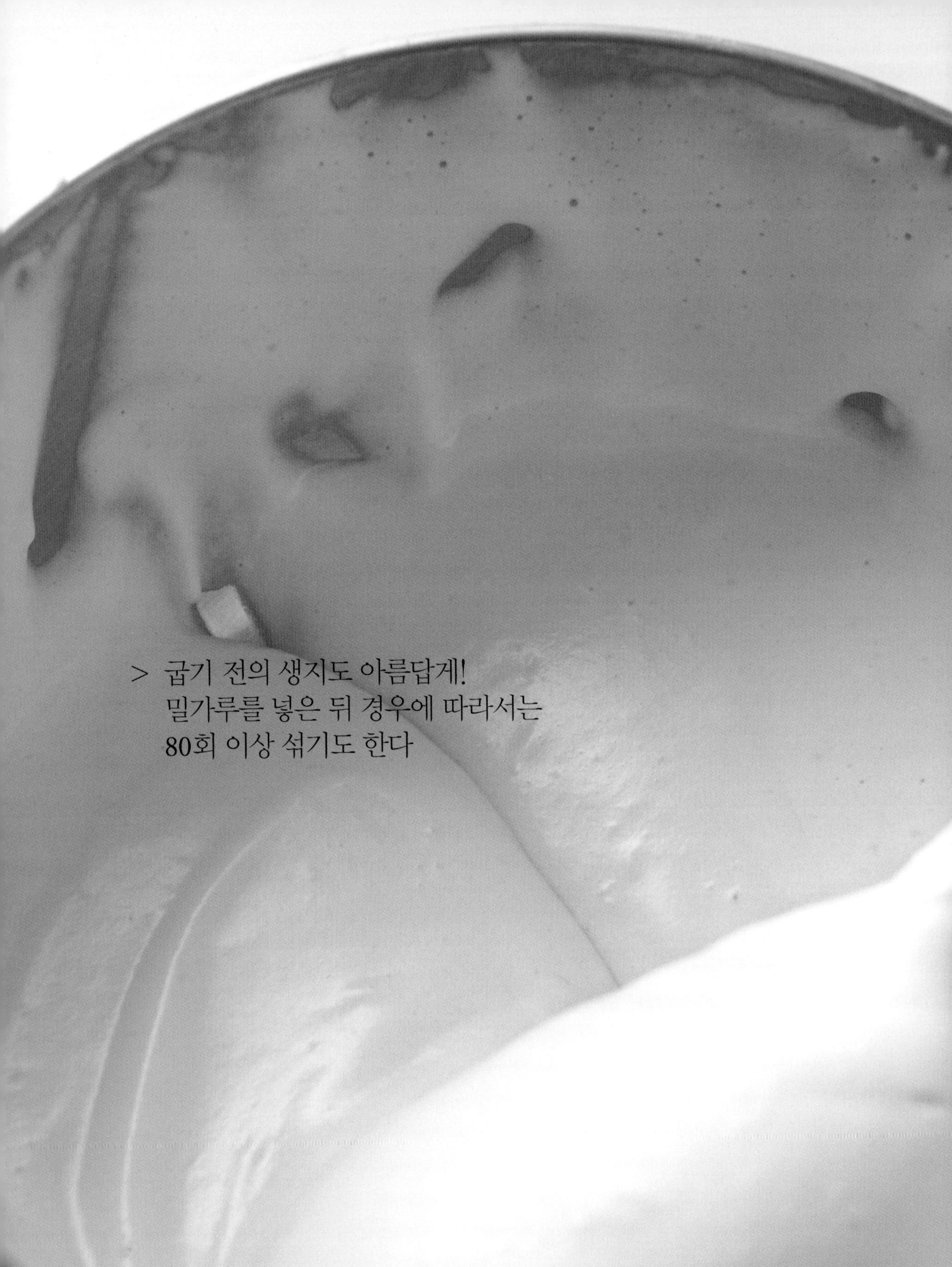
> 굽기 전의 생지도 아름답게!
밀가루를 넣은 뒤 경우에 따라서는
80회 이상 섞기도 한다

맛있는 반죽을 만들기 위한 노하우

"칼로 자르듯이 가볍게 섞는다." 빵 만들기에서 흔히 듣는 말이다.

그러나 프로들은 이런 말을 거의 쓰지 않는다.

자르기보다는 오히려 역으로 실리콘 주걱의 면을 이용해 넓게, 그리고 충분히 섞는 경우가 많다.

또한 가볍게 하는 것이 아니라, 맨들맨들 윤기가 날 정도까지 섞는다.

이렇게 하면 밀가루의 힘을 이끌어내어 섬세한 거품의 결을 유지할 수 있고,

뭉침이 없이 눈 녹듯 부드러운 식감이 만들어진다.

시폰케이크처럼 일부러 불규칙한 기포를 남기는 빵을 만들 때는 가볍게 섞기도 하지만,

그럼에도 칼로 자르듯 섞는 경우는 없다.

환상의 식감을 만들어내기 위해서는 충분히 잘 섞는 것과, 각각의 빵 특성에 맞는 테크닉을 익히는 것이

중요하다. 그리하여 팬에 담기 전 반죽 상태만 보고도 완성된 맛을 가늠할 수 있을 정도가 되어야 한다.

실리콘 주걱 사용법을 마스터하자

거의 공통적으로 활용되는 실리콘 주걱 사용법이므로 잘 익혀두자. 다음은 스펀지 반죽 섞는 법이다. 주걱은 실리콘수지 일체형을 추천한다. 사진의 정면에 서서 오른손으로 주걱을 사용한 경우다.

섬세하게 거품을 낸 달걀(노른자. 흰자 함께)에 체로 친 밀가루를 넣어 섞는다. 볼 오른쪽 위의 측면에 실리콘 주걱을 넣는다. 주걱 끝을 볼 측면에 수직으로 세우는 각도다.

바로 볼 중심을 통과한다. 주걱과 볼의 각도를 유지한 채 주걱 끝이 볼 바닥을 훑는 느낌으로 한다.

왼손이 있는 곳까지 주걱을 잡아당긴다. 즉 주걱의 평면이 반죽의 저항을 한껏 받으며 볼을 가로질러 훑는 셈이 된다. 주걱 끝으로 생지를 자르는 느낌으로 하면 안 된다.

그대로 볼 위까지 들어올린 뒤 자연스럽게 손목을 돌린다. 주걱에 있는 반죽을 안쪽으로 떨어뜨리는 느낌으로 한다.

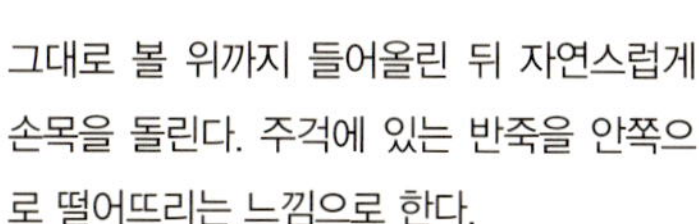

바로 왼손으로 볼을 앞쪽으로 1/6가량 회전시키고 주걱을 위쪽 처음의 위치에 놓는다. 그리고 1부터 다시 반복하면 조금 전과는 60도 정도 떨어진 지름을 훑는 셈이 된다. 리드미컬하게 속도를 높여 반복하자. 10초 간 6~8회 정도의 속도로 볼의 끝에서 끝까지 빠짐없이 직선의 궤적을 그린다. 기본 스펀지케이크의 경우는 희끔희끔한 밀가루가 보이지 않게 된 뒤에도 80~100회 정도 반복한다. 뭉침이 없이 윤기가 나는 생지가 완성된다.

스펀지케이크

폭신하면서 촉촉하고, 달걀의 풍미가 그대로 느껴지는 스펀지케이크를
구울 줄 안다면 상당한 실력의 경지에 오른 것이다.
공립법의 방식으로, 잊히지 않는 맛의 생지 만드는 법을 소개한다.
달걀 거품을 내는 정도는 설탕 비율에 따라 달라진다.
설탕이 많아지면 기포량은 줄지만 거품의 강도는 세어진다.
기본 쇼트케이크 생지는 그래뉴당의 비율을 늘려 섬세하면서도
힘이 있는 거품을 만들고, 밀가루도 양을 늘려 충분히 섞음으로써
거품을 지탱하는 힘을 이끌어낸다.
이렇게 해서 구워진 생지는 풍성하게 체적이 증가하므로 달게 느껴지지 않는다.
뿐만 아니라 수분(버터와 우유)이 들어가 촉촉한 식감과 풍미가 그만이다.
시럽을 뿌려도 가라앉지 않을 정도로 탄력이 좋다.
방법은 P.8~11의 프로세스를 그대로 적용한다.
'에그롤'은 달걀을 넉넉히 넣고 백설탕을 이용해 촉촉하게 완성한다.
'초코롤'은 밀가루 양을 줄인 만큼 코코아를 첨가하여
살짝 쌉싸래한 맛과 가벼운 느낌을 준다.

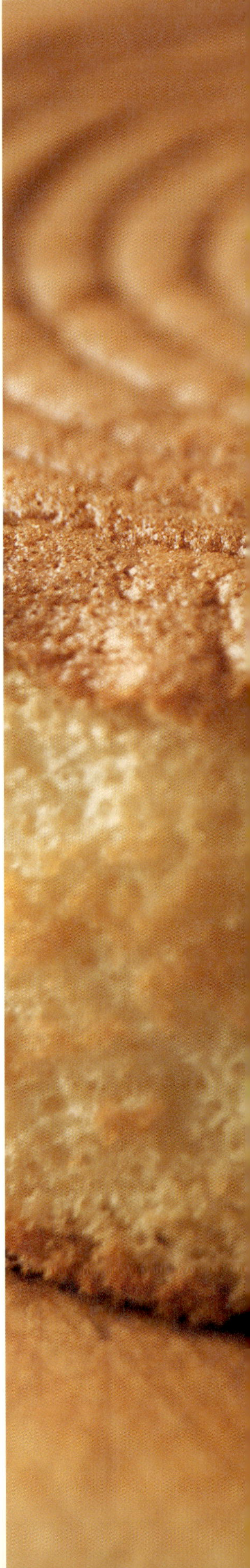

딸기 쇼트케이크(기본 스펀지 생지)

에그롤

딸기 쇼트케이크

지방이 풍부한 진한 맛의 생크림과 달콤
새콤하면서 신선한 과일이 환상적으로
어우러지는 케이크. 기본 스펀지 생지로,
시럽을 발라 마무리하는 것이 기본이지
만, 여기에 생크림을 더하면 그 자체로
완벽한 맛이 완성된다. 케이크로 만들었
다면 그날 안으로 먹는 것이 좋다.

재료(지름 18cm 스펀지 팬 1개분)

기본 스펀지

달걀 135g

그래뉴당 100g

물엿 5g

박력분 90g

A

┌ 무염 버터 23g

└ 우유 36g

데코레이션

시럽

┌ 그래뉴당 20g

│ 물 60ml

└ 키르슈(체리로 만든 증류주) 20ml

┌ 생크림 250g

└ 그래뉴당(미립 타입 P.55 참고) 12g

딸기 1팩

기본 스펀지 생지를 굽는다

준비

• 박력분을 체에 쳐둔다.

• 팬 옆면에 종이를 댄다. 바닥에도 둥글게
잘라 깐다.

• A를 볼에 준비해둔다.

• 오븐은 160℃로 예열한다.

※팬에 까는 종이는 갱지나 글라신지 등 유
분이 적당히 있으면서 생지에 밀착하는 것
을 사용한다.

1 

깊이가 있는 볼에 달걀과 그래뉴당을 넣고
중탕 상태에서 거품기로 젓는다. 설탕을 잘
녹이면서 달걀이 40℃ 전후가 될 때까지 계
속한다.

2 

물엿도 중탕으로 따뜻하게 한 뒤 1의 달걀
에 넣어 잘 섞는다(물엿을 넣으면 한층 촉촉해
진다. 준비가 되지 않았다면 그래뉴당을 5g 더 늘
린다).

3 

A를 중탕하여 버터를 녹이고, 40℃ 이상으
로 따뜻하게 유지한다.

---

4 

2의 달걀을 핸드믹서를 이용하여 고속으로
3분~3분 30초가량 돌려 하얗고 진득한 상
태로 만든다. 위로 들어올렸을 때 끊어지지
않고 흘러내려 그 흔적이 남았다가 천천히
사라지는 정도가 되면 적당하다(거품 내는 방
법은 P.9 참고).

Point 달걀을 떨어뜨렸을 때 중간에 끊어지
면 안 된다. 거품을 너무 오래 내면 오히려
스펀지 생지의 결이 거칠어진다.

5 

핸드믹서를 저속으로 줄여 2~3분 정도 돌
리면서 전체적으로 결을 조절한다. 폭신하
면서도 섬세한 상태가 된다.

Point 거품을 낸 달걀에 이쑤시개 끝을 1cm
정도 찔러보았을 때 얼마간 쓰러지지 않고
서 있는 정도를 기준으로 한다.

6 

체에 친 밀가루를 모두 넣어 실리콘 주걱으로
크게 저어가며 섞는다(섞는 방법은 P.11 참고).

7 

흰 가루가 보이지 않게 되면 따뜻하게 준비
해둔 A를 골고루 뿌려, 한층 빠른 손놀림으
로 80~100회 정도 섞는다.

Point 생지에 윤기가 나고 결이 고와야 한다. 주걱으로 들어올렸을 때 깔끔하게 떨어지는 정도가 되면 볼 안을 긁어가며 생지를 깨끗하게 정리한다. 이것을 끊지 말고 팬에 단번에 흘려 넣는다.

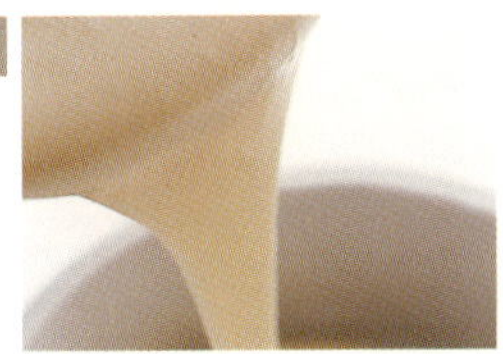

8 생지를 다 넣으면 팬째 2번 정도 들었다 떨어뜨려 표면에 있는 큼지막한 기포를 없앤다. 이것을 오븐에 넣는다.

9 약 33~38분 후 표면이 엷은 갈색으로 구워지면 오븐에서 꺼내 20cm 정도의 높이에서 팬째 떨어뜨린다. 이렇게 하면 뜨거운 공기가 빠져 후에 쪼그라드는 것을 방지한다.

10 망 위에 거꾸로 놓고 팬을 빼낸다. 종이는 그대로 둔다. 열이 한 김 나가면 원래의 모양으로 돌려 망 위에서 완전히 식힌다.

* 완성된 쇼트케이크는 그날 모두 먹는 것이 원칙이지만, 스펀지 생지는 전날 구워놓아도 문제없다(여름에는 냉장). 냉동 보관이라면 2주 정도 유효하며, 자연 해동하여 사용한다. 냄새가 배거나 건조해지지 않도록 밀봉을 철저하게 한다.

쇼트케이크로 완성한다

준비

· 시럽을 만든다. 물과 그래뉴당을 작은 냄비에 넣어 은근한 불에 녹이고, 식힌 뒤 키르슈를 첨가한다.
· 딸기는 잘 닦아서 물기를 뺀 뒤 꼭지를 따서 세로로 반을 자른다.

1 생크림에 그래뉴당을 넣어 볼째로 얼음물 위에 올려 완성된 상태의 70% * 까지 거품을 낸다.
Point 70%까지 해두었다가 사용할 때 적당량만큼만 필요한 상태로 만들어 사용하면 거품이 과하게 생성되는 것을 방지할 수 있다.

2 생지에 붙어 있는 종이를 떼어내고 바닥의 생지를 얇게 벗겨내듯 자른다.

3 가로로 2등분한다. 준비가 된다면 딱 맞는 높이의 나무 막대를 대고 자르면 편리하다.

*70%: 거품기로 들어올렸을 때 묵직하게 느껴지며 선을 그릴 수 있는 상태

4 회전대에 밑을 얇게 잘라낸 바닥 쪽의 생지가 위를 향하도록 놓고 붓으로 시럽의 1/3 분량을 촉촉하게 발라준다.

5 생크림의 1/4 정도를 80% * 까지 거품을 내고, 4의 생지 위에 올려 스패출러로 펴준다. 딸기를 방사형으로 얹은 다음 같은 양의 생크림을 80%까지 거품을 내 딸기 위에 얹는다.

6 다른 한쪽의 스펀지 생지의 면에도 남은 시럽의 반을 발라 그 면이 아래로 가게 하여 5 위에 얹는다. 가볍게 눌러 평평하게 한 뒤 남은 시럽을 위에 바른다.

7 남은 생크림을 스펀지 한가운데 쏟아 스패출러로 펴준다. 옆면까지 흘러내리는 모양이 되도록 하여 정리한다. 각자의 취향에 따라 딸기(남은 것. 혹은 분량 외)로 장식한다.

* 냉장고에 두고 가능하면 빠른 시간 내에 먹는다.

*80%: 거품기로 들어올렸을 때 끝이 뾰족하게 각이 서는 상태

에그롤

한층 촉촉하고, 달걀의 풍미가 더 진하게 느껴지는 생지. 백설탕을 사용하고 달걀 배합을 많이 한 것이 비법이다. 시럽을 사용하지 않았음에도 촉촉하게 느껴지는 것 역시 이 생지의 특징이다. 입자가 고운 박력분을 사용하여 폭신한 식감을 강조하고, 생크림을 돋보이게 한다. 잊었던 롤케이크의 맛을 상기시켜 살짝 복고적인 감상에 젖어들게 한다. 갓 구워져 나온 신선한 빵을 맛보는 순간 만드는 수고가 모두 잊힌다.

재료(30×30cm 사각 팬 1개분)

달걀 250g

백설탕 127g

박력분 75g

우유 44g

┌ 생크림 170g
└ 그래뉴당(미립 타입, P.55 참고) 10g

준비

• 팬에 종이(P.16 참고)를 깐다. 팬의 2배 정도 높이로 종이를 잘라 네 귀퉁이에 칼집을 넣어 꼼꼼하게 밀착시킨다. 팬은 2개를 겹쳐서 준비한다.

• 박력분은 체에 친다.

• 오븐은 180℃로 예열한다.

P.16의 기본 스펀지 만드는 법 **1~4**를 참고하여 달걀과 백설탕을 섞어 중탕을 한 상태에서 핸드믹서로 고속에서 5분 정도, 묵직하게 점성이 생길 때까지 거품을 낸다. 우유를 중탕하여 만졌을 때 조금 따뜻하게 느껴질 정도로 데운다.

Point 기본 스펀지케이크보다 설탕의 양이 적으므로 거품이 크다. 들어올렸을 때 핸드믹서 날개 부분에 붙어 일순 뭉쳐 있다가 떨어지는 모양이 된다.

저속으로 바꾸어 2분 정도 전체 결을 조정한다. 기본 스펀지케이크와 비교하면 좀 더 폭신하고 고운 느낌이 된다.

밀가루를 다시 한 번 체에 쳐서 내려준다.

Point 입자가 고운 제품은 알갱이로 잘 뭉치는 성질이 있으므로 반드시 다시 체에 쳐준다.

실리콘 주걱으로 바꿔서 크게 휘저어가며 섞는다. 흰 가루가 보이지 않게 된 뒤에도 10~15회 정도 계속한다.

Point 기본 스펀지케이크보다 폭신한 달걀 거품이 많고 밀가루 양이 적으므로 처음에는 섞는 작업이 어렵게 느껴지지만 기본대로(P.11 참고) 템포를 일정하게, 그리고 동작을 크게 하여 충분히 섞는다.

1의 우유를 넣어 다시 60~80회 정도 섞는다.

Point 매끈한 느낌이 들 때까지 잘 섞는다. 기본 생지보다 사뿐하게 떨어지는 느낌.

종이를 깐 사각 팬 중앙에 흘려 넣는다. 스크래퍼를 이용하여 네 귀퉁이까지 흘려주고, 전체적으로 평평하게 윗면을 정리한다. 어느 정도 고르게 펴지면 팬을 살짝 들어올렸다 떨어뜨려 표면의 큰 공기를 빼준다.

오븐에 넣어 14~16분, 겉이 노릇노릇하게 색이 날 때까지 굽는다. 최고점으로 부풀어 올랐다 살짝 가라앉으면 오븐에서 꺼내 팬째 20cm 정도 높이에서 떨어뜨려 나중에 수축되는 것을 막는다.

종이째 틀에서 꺼내 망 위에서 식힌다. 옆면의 종이를 생지에서 떼어내고 빵을 엎어 바닥의 종이도 벗겨낸다. 이후 종이를 다시 원 상태로 놓고 겉면이 나오도록 뒤집는다.

생지 표면을 손가락으로 살짝 누르면서 전체적으로 평평하게 정리한다. 생크림에 그래뉴당을 넣어 볼째 얼음에 올려 80%까지 거품을 낸 뒤 이것을 스패츌러로 생지 위에 전체적으로 펴준다. 앞쪽에서부터 종이를 잡아 둥글게 김밥 싸는 요령으로 감는다. 어느 정도 힘을 주어 단단히 감는다(생지에 칼집을 넣어둘 필요는 없다).

종이를 붙인 채 케이크 끝이 아래로 오게 해서 냉장고에 10분 이상 둔다.

＊ 자를 때는 나이프를 따뜻하게 해서 사용한다. 한 조각 커팅할 때마다 따뜻한 물에 잠시 담갔다가 물기를 닦아낸다.

홍차 풍미의
초콜릿 크림케이크

쇼트케이크의 생지와 재료 배합, 만드는 방법은 같지만 그보다 한층 높이가 있다. 이를 가로로 3등분하여 각각에 홍차 시럽을 듬뿍 발라준다. 시럽을 바르기 전에 윗면과 갈색으로 구워진 바닥 부분을 커팅해주면 입안에서 한층 더 부드럽게 느껴진다. 얼그레이 향과 초콜릿의 풍미가 입안에 퍼지다가 사르르 눈처럼 녹아내리는 섬세한 쇼트케이크다.

재료(지름 18cm 스펀지 팬 1개분)

스펀지 생지(재료 사진은 P.16 참고. 사진 외)

달걀 150g

그래뉴당 110g

물엿 6g

박력분 100g

A

　무염 버터 26g

　우유 40g

데커레이션

시럽

　얼그레이 홍차 잎 7g

　뜨거운 물 160ml

　그래뉴당 50g

초콜릿크림

　커버추어 초콜릿* (스위트) 72g

　우유 48g

　생크림 240g

커버추어 초콜릿(장식용. 준비될 경우. 사진 외) 적당량

*커버추어 초콜릿: 코코아버터 함량이 높은 초콜릿으로 케이크나 빵 등을 감싸거나 장식하기 좋게 제조된 고급 제품

• P.16의 기본 스펀지 생지 재료를 준비하여 만드는 법 **1~10**과 동일한 방법으로 구워서 식힌다. 분량이 많아진 만큼 거품을 내는 시간은 3분 30초~4분, 굽는 시간은 35~40분 정도로 약간 길게 잡는다.

• 홍차 시럽을 만든다. 홍차 잎에 뜨거운 물을 부어 5~6분간 우려낸 뒤 그래뉴당을 녹인다.

• 초콜릿크림용 초콜릿을 잘게 부숴 볼에 준비해둔다.

초콜릿크림을 만든다. 잘게 부순 초콜릿에 끓기 직전까지 데운 우유를 부어 잘 녹인 다음 볼에 얼음물을 대어 조심스레 섞으면서 20℃ 정도로 식힌다. 굳을 정도까지 식지 않도록 주의.

1에 생크림을 2회에 걸쳐 나누어 넣고 그때마다 거품기로 충분히 섞는다. 전부 잘 섞이면 얼음물에 올려 70% 정도까지 거품을 낸다(거품을 낸 생크림 이용 방법은 P.17의 만드는 법 1과 동일).

스펀지 생지의 종이를 벗기고 자국이 생긴 바닥의 갈색 부분을 얇게 잘라낸다. 나무 막대 등을 놓고 두께를 3등분한 뒤, 맨 위의 갈색 부분도 잘라낸다. 완성했을 때 전체가 한데 어우러져 사르르 부드러운 식감을 낸다.

4 회전대에 생지를 잘라낸 바닥 면이 위로 오게 올리고, 홍차 시럽을 붓으로 눌러주듯 충분히 발라준다.

5 2의 크림의 약 1/4을 80% 정도까지 거품을 내서 4 위에 스패츌러로 평평하게 펴준다.

6 2번째 생지의 한쪽 면에도 역시 시럽을 바른다.

7 그 면을 아래로 하여 5 위에 얹고 4, 5와 같은 방식으로 시럽과 크림을 바른다.

8 3번째 스펀지 생지도 잘라낸 윗면에 시럽을 바른 뒤 그 면을 아래로 해서 올린다. 맨 윗부분에 시럽을 바른다. 70%로 거품을 낸, 남은 초콜릿크림을 펴주고 옆면에도 발라준다. 특히 윗면에 충분히 크림을 올린다.

9 옆면은 스패츌러를 세로로 세워 고루 정리하고, 윗면은 밖에서 안으로 잡아주어 가장자리의 각을 반듯하게 낸다. 회전대를 돌리면서 모양을 낸다.

10 마지막으로 스패츌러 끝을 조금 비스듬하게 잡고 회전시켜 중심에서 바깥으로 회오리 모양으로 마무리한다. 준비가 된다면 둥글게 말린 장식용 초콜릿을 올린 뒤 냉장고에 두어 차게 한다.

***** 장식용 초콜릿은 막대형 초콜릿을 야채 필러로 리드미컬하게 긁어내어 컬 모양으로 만든다. 여기서는 블랙과 화이트 2가지 색을 이용하였다.

***** 크림을 올린 뒤에는 홍차 향이 신선하게 남아 있을 때 빨리 먹는 것이 좋다. 스펀지케이크의 생지 관리는 P.17 *의 내용 참고.

초코롤

이 생지는 초콜릿 풍미의 스펀지케이크
라기보다는 가벼운 가토쇼콜라라고 부
르는 것이 나을 듯싶다. 그 정도로 짙은
초콜릿의 존재감이 강렬하다. 여기에 풍
성한 과일과 휘핑크림으로 다채로운 맛
을 낸다. 코코아의 유분이 거품을 사그
라지게 하므로 이 생지는 섞는 횟수를
줄이는 것이 좋다.

재료(30×30cm 스펀지 팬 1개분)

달걀 180g

그래뉴당 110g

박력분 28g

코코아 파우더 28g

우유 30g

시럽

　┌ 그래뉴당 10g

　│ 물 30ml

　└ 키르슈 15ml

　┌ 생크림 300g

　└ 그래뉴당(미립 타입 P.55 참고) 16g

　┌ 키위 1개

　│ 라즈베리 15~16개

　└ 파인애플(생 것, 알맹이만) 150g

준비

• P.18의 '에그롤'에서와 마찬가지로 팬과
베이킹용 기름종이를 준비한다.

• 분량의 박력분과 코코아 파우더를 섞어
체에 2번 친다.

• 키위와 파인애플은 각각 껍질을 벗겨
1cm 주사위 모양으로 썬다.

• 오븐을 200℃로 예열한다.

'에그롤' 만드는 법 1, 2에서처럼 달걀과 그래뉴당을 충분히 거품 내어 곱게 결을 정리한다. 그 사이에 우유를 따뜻하게 데워둔다(밀가루를 넣기 전 달걀의 상태도 역시 '에그롤' 참고).

체에 친 박력분과 코코아를 넣어 재빨리 크게 섞는다.
Point 여기서는 흰 가루가 거의 보이지 않으면 섞는 것을 멈춘다. 거품이 쉽게 꺼지는 생지이므로 과도하게 섞지 않도록 주의.

따뜻하게 데운 우유를 부어 역시 크게 원을 그리며 섞는다.
Point 우유가 바닥에 가라앉기 쉬우므로 바닥에서 들어올려 크게 저어주고 완전히 섞이면 끝. 가급적 섞는 횟수를 최소화하는 것이 좋다.

베이킹용 기름종이를 깐 팬에 흘려 넣고 스크래퍼로 네 귀퉁이까지 평평하게 펴주어 위를 정리한다. 팬째 들어올렸다 가볍게 떨어뜨린 뒤 오븐에 넣는다.

10~12분, 겉면에 색이 올라오기 시작하면 오븐에서 꺼내 종이째 팬에서 들어올려 망 위에서 식힌다.

물과 그래뉴당을 졸여 녹인 뒤 식힌다. 여기에 키르슈를 부어 시럽을 만들어둔다. '에그롤'의 만드는 법 8과 같은 방법으로 한 뒤(시트지를 벗긴 뒤 다시 원 위치에 댄다) 생지에 시럽의 반을 붓으로 발라준다.

생크림에 그래뉴당을 넣어 볼째로 얼음물에 올려 70% 거품 내기를 한다. 이것의 2/3 정도만 따로 80%까지 거품을 내서 전체에 펴바른다. 앞쪽을 약간 두껍게 바르고 뒤쪽은 얇게 한다(거품을 낸 생크림 사용은 P.17의 만드는 법 1과 동일).

앞쪽 1/3 위치에 과일을 얹고 크림 속에 묻듯 가볍게 눌러준 뒤 위로 얇게 크림(가볍게 거품을 새로 낸다)을 펴준다.

종이를 말기 쉽도록 잡고 과일 부분이 가운데 중심이 되도록 한 번 만 뒤, 남아 있는 생지에 시럽의 반이 조금 안 되는 분량을 발라준다.

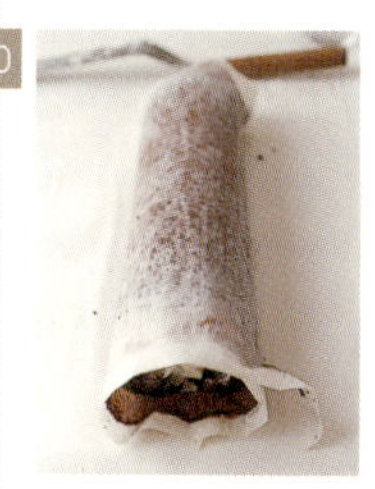

끝까지 말아 이음새가 아래쪽으로 오게 하여 냉장고에 잠시 둔다.

옆으로 삐져나온 크림을 정리한 뒤 생지 표면에 남은 시럽을 바른다. 남은 생크림을 80% 정도까지 거품을 내서 얹어 스패출러로 전체적으로 모양을 잡는다. 준비가 되면 삼각 스크래퍼로 모양을 만들고 냉장고에서 10분 이상 차게 식힌다.

* 스펀지 생지 관리는 P.17 *의 내용과 동일. 롤케이크는 만든 날 모두 먹도록 한다.

* 과일은 신맛 등 개성이 있는 맛이라면 무엇이든 사용해도 좋다. 바나나와 딸기, 망고와 베리류 등의 조합도 추천.

파운드케이크

버터케이크, 카트르-카르* 등으로 불리는 생지다.

몇 가지 만드는 방식이 있는데, 여기서는 부드럽게 한 버터에 설탕, 달걀을 첨가하는 전통적인 방식과,

공립식으로 스펀지케이크처럼 달걀 거품을 내고 여기에 녹인 버터를 넣는 방식을 소개한다.

2가지 모두 '이제껏 만들어보지 못한 환상의 파운드케이크 맛'이라며 강습에서 큰 호평을 받았다.

그 차이를 만들어내는 포인트는 바로 버터나 달걀의 거품 내기와 밀가루 섞기에 있다.

프랑스 전통 방식은 버터 속에 공기를 많이 넣지 않는데, 우리는 부드럽고 가벼운 식감을 선호하므로

버터 거품을 많이 내고 여기에 달걀을 첨가할 때마다 다시 거품을 내서

잘고 고운 기포를 많이 만든다. 그리고 이것을 지탱하는 밀가루의 힘을 끌어낼 수 있도록

잘 혼합하여 윤기가 도는 생지로 만든다.

그리하여 베이킹파우더의 힘으로 부풀리는 것과는 차원이 다른,

폭신하고 부드럽고, 온기가 도는 빵이 완성된다.

*카트르-카르quatre-quarts: 밀가루, 버터, 달걀, 설탕 4가지 재료가 모두 같은 분량으로 1/4씩 들어간다고 해서 붙여진 이름

프루츠케이크

햇생강 파운드케이크

프루츠케이크

먼저 버터 거품을 내는 것부터 시작해 보자. 이 프루츠케이크는 2~3주 두어도 부드러운 식감이 유지되며, 향도 한층 깊어진다. 버터는 '색이 하얗게 될 때까지'가 아니라 '부피가 2배 이상 될 때까지' 풍성하게 거품을 내는 것이 원칙이다. 이때 버터의 온도에도 주의해야 한다. 오른쪽 설명과 P.29를 참고할 것. 과일은 건포도만 술에 절이고 나머지 말린 과일이나 너츠는 각각의 개성을 확실하게 살린다. 여기에 럼주와 시럽이 진하게 어우러져 환상적인 풍미와 식감을 만들어낸다.

재료(18×18cm 파운드 팬 1개분)

무염 버터(발효) 90g
그래뉴당(미립 타입, P.55 참고) 90g
달걀 75g
A
┌ 박력분 90g,
└ 베이킹파우더 1g(숙달되면 생략해도 좋다)
┌ 건자두 · 건살구 · 건크랜베리 각 18g
│ 건포도(럼주를 자작하게 부어 1주일 정도
│ 재운 것) 60g
│ 오렌지 껍질 설탕절임(시판하는 것을 사
│ 용해도 좋다. 너무 잘게 자르지 않은 것) 30g
└ 호두 30g
┌ 럼주 35ml
└ 시럽(그래뉴당 16g을 물 27ml에 끓여 녹
  인 뒤 식힌다)

준비

- 건자두는 뜨거운 홍차(가능하면 얼그레이. 분량 외)에, 건살구와 건크랜베리는 각각 미지근한 물에 10~20분 정도 담근다. 가볍게 물기를 닦고 가로 세로 1.5cm 크기로 자른다.
- 오렌지 껍질은 잘 씻은 후 물기를 닦아내고 5~7mm 어슷썰기 한다.
- 호두는 1cm 크기로 거칠게 자른다.
- 위의 건과일과 호두, 건포도를 함께 모은다.
- A의 재료를 함께 체에 친다.
- 버터, 달걀 사용법에 관해서는 P.27 참고.
- 팬 안쪽에 네 귀퉁이를 자른 종이(P.16 참고)를 깔아둔다.
- 오븐은 180℃로 예열한다.

볼에 버터, 그래뉴당을 넣고 실리콘 주걱으로 섞는다.

핸드믹서로 바꾸어 고속에서 5분가량, 폭신한 크림 상태가 될 때까지 거품을 낸다.

달걀을 4번에 나누어 **2**에 붓고, 그때마다 1~2분씩 핸드믹서로 거품을 낸다.

마지막으로 4번째 분량의 달걀을 넣고 다시 1~2분 정도 거품을 내어 섬세한 크림 상태로 만든다. P.27의 버터 사용법 1의 설명을 참고하여 거품을 낸 직후의 온도가 20~22℃가 되도록 한다.

Point 다소 분리가 되어도 상관없으므로 버터의 부피가 2배 이상 될 때까지 충분히 거품을 낸다.

체에 친 A의 밀가루를 한꺼번에 넣고 실리콘 주걱으로 잘 섞는다(섞는 방법은 P.11 참고).

Point 흰 가루가 거의 보이지 않게 된 뒤에도 60~80회 정도 섞어 윤기가 돌게 한다.

말린 과일과 너츠를 **5**에 넣어 전체적으로 섞는다. 내용물이 균일하게 섞여야 완성되었을 때 모양이 깔끔하게 나온다.

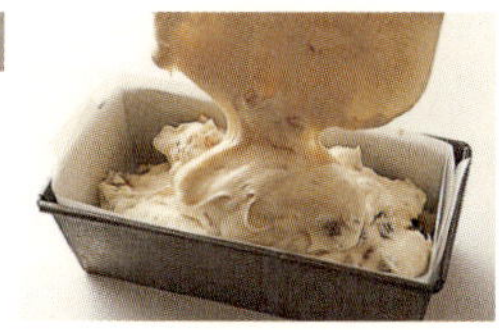

스크래퍼 등을 이용해 종이를 깐 파운드 팬에 몇 차례로 나누어 넣는다.

표면을 잘 정리한다. 가운데 부분은 살짝 움푹하게 하고 양 끝은 약간 높게 한다. 팬째 들었다 가볍게 떨어뜨린다. 종이가 생지의 무게로 인해 안쪽으로 접히지 않도록 네 귀퉁이의 종이를 가볍게 잡아당겨 각을 정리한다.

오븐에서 45~50분, 부풀어서 갈라진 틈에서도 옅은 갈색이 날 때까지 굽는다. 구워지면 팬에서 꺼내 종이를 붙인 채 망 위에서 손으로 잡을 수 있을 정도까지 식힌다.

아직 따뜻한 온기가 남아 있을 때 종이를 벗겨낸다. 시럽에 럼주를 섞어 이것을 붓으로 톡톡 두드리는 느낌으로 발라 케이크에 스며들도록 한다. 윗면, 옆면, 바닥까지 충분히 배어들게 한다. 그대로 완전히 식혀 랩으로 밀봉하여 냉장 보관한다.

* 3일째 되는 날부터 먹을 수 있다. 특히 2주 후가 가장 맛이 좋다. 완전 밀봉하여 냉장 보관하면 1개월 정도까지 유지되며 시간의 흐름에 따라 맛이 변화한다(먹기 전에 실온에 잠시 둔다).

버터 사용법 1

• 버터를 실온에 둔다?

쿠키나 파운드케이크를 만들 때 버터를 부드럽게 하기 위해 흔히 접하는 설명이다. 실온이 20~23℃ 정도라면 최적의 상태로, 이때 버터는 약 20℃가 된다. 손끝으로 살짝 눌러 보았을 때 스윽 들어가는 정도. 그러나 여름철 더울 때라면 작업 중에도 금세 흐물흐물해진다. 반대로 겨울에는 실온에 오래 두어도 딱딱하게 굳은 채로 있다. 따라서 실온에 따라 사용할 버터의 온도를 조절해주어야 한다. 23℃ 이상으로 기온이 높은 시기에는 버터 자체의 온도가 약 19℃, 살짝 저항감이 느껴질 정도에서 사용한다. 작업 중에 풀어지면 볼을 차가운 냉수에 담그고 온도를 낮출 수도 있다. 20℃ 이하의 기온이 낮은 시기에는 오븐을 30~35℃까지 따뜻하게 데운 뒤 스위치를 끄고 그 안에 버터를 20~30분 정도 두어 22~23℃의 부드러운 상태에서 사용한다. 이렇게 하면 거품 내기가 끝났을 때 온도가 대략 20~22℃가 된다. 가게나 강습실에서는 전용 온도계를 이용해 체크하면서 만드는 것이 일반적이다.

• 버터 두께를 일정하게 커팅한다

버터를 실온에서 두고 풀어줄 때 필요량을 5~7mm 두께로 잘라 평평하게 놓은 뒤 랩 등을 덮어둔다. 두께를 균일하게 해야 버터의 온도가 들쑥날쑥 달라지지 않는다.

• 버터의 거품을 낸다

핸드믹서 사용법은 P.9와 같다. 거품을 낼 때 온도 조절이 필요한 이유는 섬세한 기포를 내고 이를 유지하기 위해서다. 작업 중이나 거품을 낸 뒤에도 20~22℃를 유지하도록 한다. 달걀을 넣어 다시 거품을 낼 때는 실온이 높은 여름에는 12~17℃의 차가운 달걀을, 겨울에는 미지근한 물에 중탕해둔 30~35℃의 달걀을 넣는다. 밀가루를 섞는 단계에서 온도가 20~22℃가 되어야 좋은 생지를 만들 수 있다.

햇생강 파운드케이크

초여름 햇생강이 반짝 나타나면 매년 절임을 해둔다. 이 생지는 바로 그 햇생강 특유의 산뜻한 풍미가 살아 있다. 달걀을 충분히 거품 낸 뒤 녹인 버터를 더하면 버터 향이 진하게 살기 때문에 비교적 생지에 들어가는 재료가 많지 않은 경우 이 방법을 쓰고 있다. 특별히 햇생강의 향과 버터의 풍미가 절묘하게 잘 어우러진다. 깨의 고소한 맛도 빼놓을 수 없는 악센트.

재료(지름 12cm 스펀지 팬 2개분)

달걀 137g

그래뉴당 150g

무염 버터(발효) 150g

박력분 150g

햇생강절임(P.80 참고) 80g 약간 더

깨(흰깨, 검은깨 합쳐서) 약 15g

준비

- 햇생강절임 4~5조각의 두께를 반으로 저며 장식용으로 남기고, 남은 것을 약 4mm 크기로 주사위썰기 한다.
- 팬 바닥에 종이(P.16 참고)를 깔고 옆면에 무염 버터(분량 외)를 바른 뒤 강력분(분량 외)을 살짝 쳐준다.
- 박력분을 체에 친다.
- 버터를 녹여 40~50℃로 따뜻하게 유지한다.
- 깨를 볶아서 식혀둔다.
- 오븐은 180℃로 예열한다.

1 볼에 달걀을 넣고 그래뉴당을 첨가하여 거품기로 저어준다. 중탕을 한 상태로 계속 섞으면서 약 40℃까지 온도를 올린다.
Point 그래뉴당이 달걀에 완전히 녹아야 한다. 볼 옆면에 미처 녹지 않은 그래뉴당이 남아 있을 수 있으므로 세심하게 체크하자.

2 중탕의 물을 빼고 핸드믹서를 고속으로 올려 거품을 낸다(거품 내는 방법은 P.9 참고).

3 5~6분가량 진득한 감촉으로 무겁게 느껴지고 핸드믹서의 궤적이 확실하게 보일 때까지 거품을 낸다. 이 레시피처럼 설탕의 비율이 많은 경우는 거품을 내는 데 시간이 걸리므로 거품 내는 시간을 약간 길게 잡는다.

4 이번엔 저속으로 줄여 전체 결을 조정한다. 고운 크림 같은 상태로 만든다.

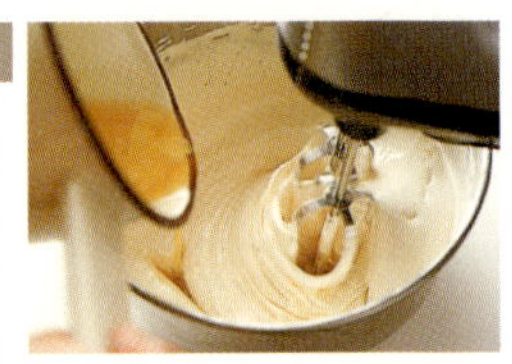

5 녹인 버터를 넣어 핸드믹서로 전체를 잘 섞는다.

6 거품기나 스크래퍼로 바꾸어 바닥에서부터 생지를 들어올리듯이 하여 전체적으로 섞는다. 바닥에 섞이지 않은 버터가 남아 있지 않도록 주의한다.

7 6의 볼에 박력분을 다시 체에 쳐 넣고, 실리콘 주걱으로 섞는다(밀가루를 다시 체에 쳐야 더 잘 섞인다. 섞는 방법은 P.11 참고).

8 밀가루가 보이지 않게 된 뒤에도 10~20회 더 충분히 섞는다.

잘게 잘라놓은 생강절임을 넣고 다시 10회 정도 재빨리 섞는다. 걸쭉하게 떨어질 정도로 곱고 윤기 나는 상태로 만든다.

볼의 옆면에 붙은 생지를 깨끗하게 정리하여 2개의 팬에 반씩 나누어 붓는다.

팬째 가볍게 위에서 떨어뜨려 표면의 큰 공기를 빼주고, 얇게 저민 생강을 위에 장식한다. 여기에 볶은 깨를 뿌린다.

오븐에 넣어 35~40분간 굽는다. 완전히 부풀어올랐던 생지가 살짝 가라앉아 생지와 팬 사이에 약간의 틈이 생기고, 갈라진 틈까지 노릇하게 구워지면 완성. 팬에서 꺼내 망 위에서 식힌다.

완전히 식은 뒤 비닐봉지나 랩 등으로 잘 덮어 이튿날부터 4일 안에 먹는 것이 좋다. 냉장고에 보관한다(먹기 전에 실온에 잠시 둔다).

버터 사용법 2

• 거품 내기, 섞는 방식을 달리한 생지

아래의 파운드케이크 사진은 P.26 '프루츠케이크'에서 버터 거품 내기와 밀가루 섞는 법을 각기 달리하여 만든 것이다. 오른쪽이 이 책의 방식으로 만든 파운드 생지다. 왼쪽의 생지는 버터를 크림 상태에서(사진 왼쪽 아래) 달걀을 섞고 밀가루를 넣은 뒤 하얀 가루가 보이지 않을 정도까지만 가볍게 섞어(사진 오른쪽 아래) 구운 것이다. 전체적으로 균일하게 잘 부풀어 오그라들지 않은 오른쪽의 파운드케이크와 비교해보면 차이가 확연하다.

나의 숍 '오븐 미튼'에서 선보이는 빵은 모두 촉촉하고 부드러운 식감이 오래 지속되며, 입안에서 녹듯 잘 넘어간다. 또한 버터의 여운이 따뜻하게 오래 입안에 머무른다.

사탕수수 설탕을 넣은 컨트리케이크

사탕수수 설탕을 넣은 컨트리케이크

대부분의 파운드케이크에 발효 버터를 사용하지만 특히 이 빵의 경우 발효 버터 특유의 신맛과 부드러움이 진하게 느껴진다. 여기에 사탕수수 설탕 특유의 단맛이 절묘하게 조화를 이룬다. 제조당의 무게로 인해 베이킹파우더를 사용하여 생지를 안정적으로 부풀리지만, 그 양이 밀가루의 1% 정도밖에 되지 않아 거칠거나 꺼끌꺼끌한 느낌은 없다.

재료(지름 12cm 스펀지 팬 2개분)

달걀 137g

A

┌ 사탕수수 설탕(가루 형태 제품) 110g
└ 그래뉴당 30g

무염 버터(발효) 150g

B

┌ 박력분 150g
└ 베이킹파우더 1g 약간 더

양귀비 씨(혹은 흰깨 볶은 것) 적당량

준비

- 팬, 버터, 오븐 준비는 P.28의 '햇생강 파운드케이크'와 동일하다.
- 박력분에 베이킹파우더를 넣어 함께 체에 친다.

1 기본적으로 '햇생강 파운드케이크'와 만드는 방법이 동일하다. 다만 그래뉴당 대신 A를 잘 섞어서 같은 방식으로 진행한다. 거품을 충분히 낸다.

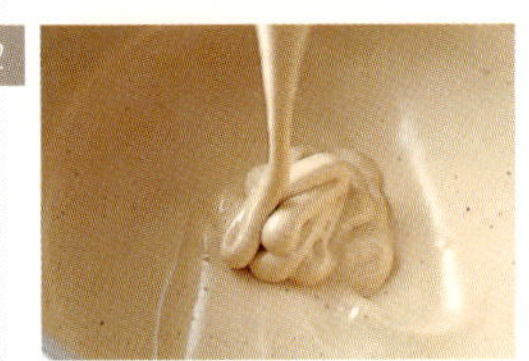

2 핸드믹서를 저속으로 돌리면서 결을 조정하고(사진) 녹인 버터를 넣어 섞는다. 여기에서도 '햇생강 파운드케이크'와 같이 바닥에 버터가 남아 있지 않도록 아래에서부터 크게 섞어준다. 베이킹파우더와 함께 체에 쳐둔 밀가루를 다시 한 번 체에 쳐서 넣고 섞는다. 여기서는 흰 가루가 보이지 않게 된 뒤에도 30~40회 정도 더 섞는다.

3 생지를 팬에 부어 팬째로 가볍게 떨어뜨려 표면의 기포를 없앤다. 양귀비 씨를 뿌린 뒤 오븐에 넣어 30~35분간 굽는다. 팬에서 꺼내 망 위에서 식힌다.

---

* 보관 방법도 '햇생강 파운드케이크'와 같다. 시간이 지날수록 점점 촉촉해지므로 이튿날부터 4일 사이에 먹는 것이 최상의 맛을 즐길 수 있다. 먹기 전에 실온에 잠시 둔다.

* 사탕수수 설탕 대신 다른 제조 설탕을 이용해도 좋다. 다만 입자가 굵은 제품보다는 가루 형태로 되어 잘 녹는 제품을 선택한다. 캐러멜 등이 첨가된 것은 피한다. 가루 형태의 흑설탕도 특유의 풍미와 진한 맛이 있어 좋은데, 이 경우엔 그래뉴당의 비율을 늘린다. 생지가 무거워지는 만큼 조금 더 시간을 길게 하여, 충분히 거품을 낸다.

* 표면이 타기 쉬우므로 작은 팬에서 굽는 것이 좋다.

향신료 풍미의 프루츠케이크

일반적인 프루츠케이크처럼 먼저 버터 거품을 내고 건과일을 넣는 케이크지만, 여기에 특별히 향신료를 추가하여 이국적인 느낌을 추구한다. 생지 만드는 법은 같지만 넛메그(육두구)와 클로브(정향)가 들어가고, 향신료 시럽을 듬뿍 머금은 과일이 첨가되어서 그 수분이 생지에 스며들어 촉촉해진다. 시간의 흐름에 따라 향이 짙어지므로, 변화를 즐기는 것도 좋다.

재료(14×6cm 파운드 팬 2개분)

파운드 생지(재료 사진은 P.26 참고)

무염 버터(발효) 100g

그래뉴당(미립 타입, P.55 참고) 100g

달걀 80g

A

┌ 박력분 100g
└ 베이킹파우더 1g(숙달되면 생략해도 된다)

B

┌ 클로브(두드려서 잘게 만든다) 3개분
└ 넛메그(갈아놓는다) 약간

건과일 향신료 절임(P.80 참고)의 과일 170g

건과일 향신료 절임 즙 25 ml

준비

· 과일은 장식용 일부를 따로 남기고 자두, 살구, 무화과를 1~1.5cm 주사위썰기 한다. 레몬 껍질과 오렌지 껍질은 잘게 채썬다.

· P.26의 '프루츠케이크'와 동일하게 버터, 달걀을 준비하고 팬에 종이를 깐다. A를 체에 친다.

· 오븐을 180℃로 예열한다.

1 생지 만드는 법은 '프루츠케이크'를 참고. 버터 거품을 내고 달걀을 넣어 잘 섞는다. 체에 친 밀가루를 넣을 때 B의 향신료들을 함께 넣어 마찬가지로 윤기가 날 때까지 잘 섞는다. 여기에 준비한 과일을 넣고 2개의 팬에 나누어 담는다. 표면을 정리하는 방법은 '프루츠케이크'와 동일하다. 장식용 과일과, 준비가 된다면 절임에 사용된 향신료(분량 외)를 함께 장식한다.

2 30~35분간 오븐에 굽는다. 부풀어올라 갈라진 틈까지 노릇하게 색이 나면 팬에서 바로 꺼내 뜨거울 때 종이를 붙인 채 윗부분에만 건과일 향신료 절임의 즙을 시럽 느낌으로 붓으로 발라준다. 완전히 식으면 종이째 랩으로 감싸 냉장 보관한다.

· 다음 날부터 먹으며, 약 2주간 즐길 수 있다. 시간의 흐름에 따라 맛이 달라진다. 차가운 상태 그대로 먹어도 맛있다.

* 프루츠를 섞기 전에 생지를 반으로 나누어 각각 안에 들어가는 내용물을 바꾸어 다른 2종류로 굽는 것도 재미있다.

* 이 분량으로 18×8cm 팬 1개분으로 구울 수도 있다(종이는 팬보다 조금 높게 빼낸다. 굽는 시간은 조금 더 길어진다).

사블레

프랑스어로 모래처럼 사각사각한 쿠키를 말한다.

재료, 배합, 만드는 법, 굽는 정도에 따라 다양한 맛을 낼 수 있다.

다음에 소개하는 쿠키 역시 각기 타입은 다르지만, 환상적인 맛을 낸다는 점만큼은 다르지 않다.

그야말로 '사블레'라는 이름이 꼭 어울린다.

'홍차 사블레'를 제외하고는 달걀을 사용하지 않는데,

재료를 끈끈하게 이어주는 달걀이 생략되면 입안에 들어갔을 때 파삭 부서지는 특유의 식감이 두드러진다.

또한 분당(紛糖)을 사용하여 특징적으로 결이 곱고 부드럽다.

모두 버터 양을 넉넉히 사용하지만, 거품을 많이 내는 것은 유일하게 '슈프리츠'* 뿐이다.

입안에서 부서지는 느낌에 영향을 줄 수 있으므로 P.27을 참고하여 온도 관리에 특별히 주의하자.

흰 밀가루가 보이지 않게 된 뒤에도 충분히 휘저어주고 굽는 시간 역시 맛을 크게 좌우하므로

만드는 법에 명시된 색깔이 나올 때까지 잘 체크한다.

잘 구워진 사블레는 매력적인 풍미와 식감으로 오랫동안 기억에 남는다.

직접 그 맛을 즐겨보기 바란다.

*슈프리츠: 짜내서 굽는 타입의 쿠키로 오스트리아 빈이 본고장.

키페를

키훼른

빈 스타일의 쿠키. 헤이즐넛 파우더를 넣어 너츠 풍미가 진하며, 옥수수 전분을 사용하기 때문에 부서지듯 독특한 식감이 특징이다. 바닥과 그 주변으로 노릇하게 색이 올라오는 정도가 되었을 때 꺼내는 것이 맛의 비결. 중심부까지 색이 오르면 너무 오래 구운 것이다.

재료(약 30개분)

A

- 박력분 61g
- 옥수수 전분 61g
- 헤이즐넛 파우더(또는 아몬드 파우더) 61g
- 분당 45g

무염 버터(발효) 100g
장식용 분당(사진 외) 적당량

준비

- A를 체에 친다.

* 다만 헤이즐넛 파우더는 약간 굵은 망에 치고, 가는 망에 친 그 외 가루와 거품기로 잘 섞는다. 망에 남아 있는 너츠 껍질은 가루에 함께 섞어도 좋다.

- 버터는 P.27을 참고하여 적당한 온도에 맞춰둔다.

- 팬에 오븐 페이퍼를 깔고 오븐은 170℃로 예열한다.

* 오븐 페이퍼는 재활용 가능한 타입으로, 이전에 사용한 적이 있는 것이 좋다. 신제품이나 롤 타입의 일회용 제품은 생지를 구울 때 미끄러져서 퍼지는 경우가 있다.

1 볼에 버터를 넣고 실리콘 주걱으로 휘저어 부드럽게 만든다. 하얀색으로 바뀌면서 주걱 자국이 남을 정도까지 재빨리 섞는다.

2 체에 친 A를 넣어 섞는다. 실리콘 주걱으로 쳐주었다가 눌러주는 느낌으로 가루 종류와 버터가 충분히 섞이도록 하고, 희끗한 밀가루가 보이지 않을 정도가 된 뒤에도 10회 정도 더 해준다.

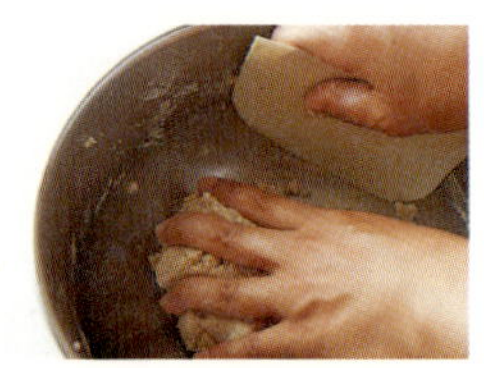

3 스크래퍼로 볼 안을 깨끗이 정리하고 가볍게 손으로 반죽하는 느낌으로 정리한다.

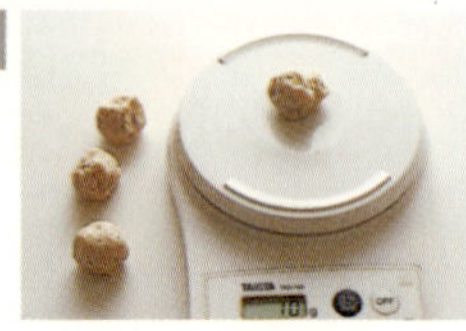

4 생지를 저울에 달아 10~11g씩 나눈다. 생지를 잘게 잘라 차례차례 저울에 올려 숫자가 10이나 11의 배수가 되는 것을 확인해가면 편리하다.

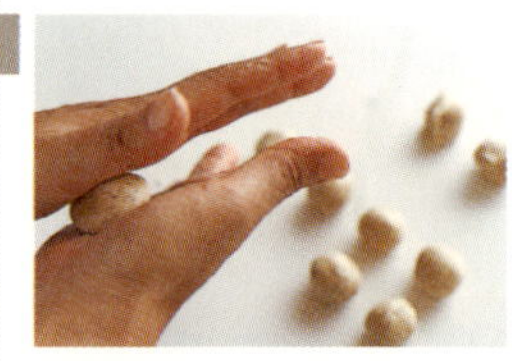

5 하나씩 손바닥 위에 올리고 공기를 빼는 느낌으로 둥글린다.

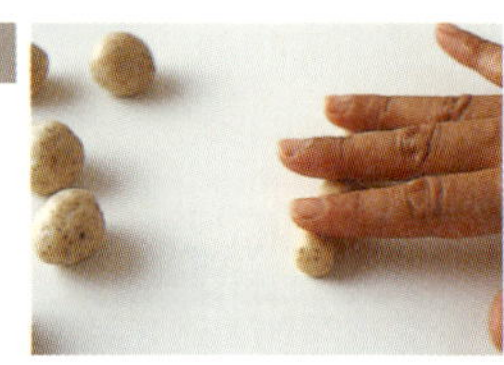

6 작업대 위에서 손가락 3개로 굴려, 5~6cm 길이로 늘인다. 너무 질척하게 느껴지는 경우는 필요에 따라 손에 밀가루(분량 외)를 바른다.

7 양 끝을 굽혀서 말발굽 모양으로 만들어 오븐 팬에 간격을 두고 올린다.

8 12~15분, 옅게 색이 올라올 때까지 굽고, 구워진 것은 망 위에서 식힌다.

Point 뒷면의 완성된 색을 잘 기억해두자. 덜 구워지면 풍미가 좋지 않고, 너무 구워지면 버터의 고소한 맛이 사라지고 식감이 거칠다. 오븐의 온도가 너무 강하다면 오븐 페이퍼를 2장 겹쳐서 깔고, 안쪽과 앞쪽의 구워지는 속도가 다르면 중간에 방향을 바꿔주도록 하자.

열이 완전히 나가면 마무리로 분당을 체에 쳐가며 뿌려준다. 간격을 좁혀 붙인 다음 뿌려주면 낭비를 줄일 수 있다.

습기를 차단시켜 보관한다. 밀폐 용기에 한꺼번에 담는 것보다 제과용으로 만든 작은 폴리프로필렌 봉지에 조금씩 나누어 담는 것이 좋다.

* 4~5일 내에 모두 먹도록 하자.

홍차 사블레

쿠키 만들기의 첫걸음은 아이스박스 쿠키* 라고들 말한다. 달걀을 가볍게 섞은 생지를 둥근 봉 모양으로 만들어 냉동해 두었다가 구울 때 설탕을 뿌리고 자른다. 다음의 사블레는 다소 거칠게 간 홍차 잎이 생지에 미묘한 틈을 만들어 입 안에 넣었을 때 질감이 매우 가볍다. 홍차와 버터 향을 최대한 살리고 싶다면 너무 오래 굽지 않도록 주의해야 한다. 노릇한 색이 전체적으로 올라오면 이미 버터의 풍미가 날아가버린 것이다.

*아이스박스 쿠키: 생지를 냉장 또는 냉동으로 보관하였다가 필요할 때 꺼내 잘라 굽는 쿠키

재료(약 26개분)
무염 버터(발효) 100g
분당 43g
달걀노른자 11g
박력분 143g
얼그레이 홍차 잎 4g 약간 더
장식용 그래뉴당(보통 입자의 제품. 사진 외) 적당량

만드는 법 → p.40

홍차 사블레

재료 → p.39

준비
- 버터는 P.27을 참고하여 적정 온도로 만든다.
- 박력분을 체에 쳐둔다.

1 홍차를 절구에 간다. 거친 잎이 약간 남아 있는 정도가 적당하다.

2 볼에 버터, 분당을 넣고 거품기로 충분히 저어준다.

3 제법 하얀색이 되면 달걀노른자를 2번에 걸쳐 나누어 넣고 그때마다 거품이 생기지 않도록 주의하면서 섞는다.

4 사진처럼 윤기가 돌고 부드러운 질감이 생기면 체에 쳐둔 박력분과 1의 홍차 잎을 넣는다.

5 실리콘 주걱으로 바꾸어 충분히 섞는다.

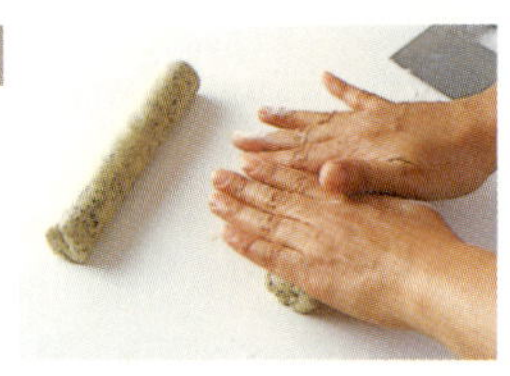

6 생지를 반으로 나누어 작업대 위에서 둥글려 각각 약 15cm 길이의 둥근 봉 모양으로 만든다. 이때 생지가 너무 질척하면 다루기 쉬운 정도가 될 때까지 냉장고에 둔다. 반대로 너무 차가워져서 딱딱해진 경우는 손바닥으로 살짝 눌러서 정도를 맞춘다.

7 랩으로 잘 싸서 냉동고에 3시간 이상 두어 완전히 얼린다.

8 작업대에 오븐 페이퍼(P.38 키훼른 참고)를 깔고 오븐은 170℃로 예열한다. 7의 생지를 냉장고에서 꺼내 잠시 두었다가 딱딱한 채로 그래뉴당 위에서 굴려 생지 겉면에 충분히 묻힌다. 잘 드는 칼로 1.2cm 두께로 자른다.

9 오븐 페이퍼를 깐 팬 위에 간격을 두고 올려 오븐에서 15~20분 정도 연하게 색이 올라올 때까지 굽는다.

10 망 위에 올려 완전히 식힌다.

Point 둘레와 바닥에 색이 살짝 올라오는 정도, 중심부의 색은 변하지 않은 정도가 적당하다. 먼저 구워진 것부터 순서대로 꺼낸다.

★ 만드는 법 7의 상태로 냉동 보관할 수 있다. 넉넉하게 만들어두고 필요할 때마다 구워 먹어도 좋다.

* 습기가 없는 상태라면(P.39 *표 참고) 여러 날 보존할 수 있지만 일반적으로는 다음 날부터 1주일 정도까지가 좋다.

슈프리츠

이것 역시 비엔나풍 쿠키다. 버터와 분당을 섞어 충분히 거품을 내어 폭신하게 공기층을 만들어주는데, 그 덕분에 느낌이 매우 가볍다. P.27의 거품 내는 법을 미리 숙지해두자. 또 한 가지 빼놓을 수 없는 특징은 낮은 온도에서 장시간 구워지면서 만들어진 풍미다. 밀가루 반죽이 맛있게 구워졌을 때의 바로 그 환상의 맛! 직접 만든 수제 잼과도 최고의 궁합이다. 사진 앞쪽의 평평하게 짜낸 사각 모양은 생지가 얇아서 잼 속의 수분으로 쉽게 눅눅해지므로 오래 두고 먹을 수는 없지만 섬세한 맛이 각별하여 수제 쿠키의 재미를 제대로 선사할 것이다.

재료(동근 모양 약 14개, 사각 모양 약 16개분)

무염 버터(발효된 것과 발효되지 않은 것)
각 50g

분당 33g

A

┌ 아몬드 파우더 33g

│ 시나몬 파우더 1g 약간 더

└ 박력분 100g

라즈베리잼(P.81 참고) 약 60g

장식용 분당(사진 외) 적당량

* 발효 버터가 없으면 100g 전량을 일반 버터로 대체한다. 다만 발효 버터로만 전량 사용하면 맛이 너무 강해지므로 주의.

- 버터는 P.27을 참고하여 적정 온도로 만들어둔다.
- A는 섞어서 체에 쳐둔다.
- 팬에 오븐 페이퍼(P.38 키퀘른 참고)를 깔고, 오븐을 150℃로 예열한다.

발효 버터와 발효되지 않은 버터를 한데 모으고 분당을 넣어 실리콘 주걱으로 섞은 뒤 핸드믹서로 바꾸어 고속에서 4~6분간 거품을 낸다.

Point 이 정도의 그다지 많지 않은 양의 경우 볼 안에서 작은 원을 그리면서 볼째 천천히 회전시켜 전체적으로 거품을 내는 것이 좋다. 실온이 높아 도중에 버터가 풀어지면 간간이 볼을 냉수에 대고 거품을 낸다.

하얗고 풍성하게 될 때까지 거품을 낸다.

여기에 미리 체에 쳐둔 A를 넣어 실리콘 주걱으로 섞는다(섞는 방법은 P.11 참고). 흰 가루가 보이지 않게 된 뒤에도 5~6회 더 섞는다.

지름 1cm의 별 모양, 혹은 1.5cm 파도 모양의 짤주머니에 3의 생지를 넣는다. 별 모양일 때는 지름 4cm 정도로 둥글고 봉긋하게 올리고, 파도 모양은 약 6cm 길이의 직선으로 두 줄 나란히 직사각형이 되게 짠다. 짝수 개수로 만든다.

오븐에서 35~40분(장방형은 20~25분), 전체적으로 색이 충분히 올라올 때까지 굽는다. 오븐 안쪽과 바깥쪽의 구워지는 속도가 다른 경우는 중간에 팬의 방향을 바꿔준다. 먼저 구워진 것을 꺼내 망 위에서 식힌다.

Point 전체적으로 노릇하게 안쪽까지 충분히 색이 오르도록 할 것.

완전히 식으면 2개를 쌍으로 해서 사이에 라즈베리잼을 짜 넣는다.

체를 이용해서 위에 분당을 뿌려준다.

* 동그란 모양도 눅눅해지기 전에 먹을 것.

피칸볼

허브 쇼트브레드

참깨
커민
치즈

피칸볼

달걀이 들어가지 않고 버터, 밀가루, 설탕이 생지를 만드는 주재료다. 만드는 방법도 아주 간단하다. 푸드 프로세서로 밀가루와 버터를 보송보송한 가루 상태로 잘 섞는다. 여기에 거칠게 자른 피칸너츠를 넣어 고소한 향과 식감을 더하고, 살짝 짠맛이 강조된다. 버터 쿠키 특유의 따스한 맛이 기분 좋게 해줄 것이다. 취향에 따라 호두와 헤이즐넛 등 다른 견과류를 이용해도 좋다. 이 경우 피칸너츠와 동량으로 넣거나 혹은 다소 줄여도 상관없다.

재료(약 18개분)

A

- 무염 버터(발효된 것과 발효되지 않은 것)
  각 50g
- 박력분 140g
- 그래뉴당(미립 타입, P.55 참고) 31g
- 소금 2g 약간 적게

피칸너츠 56g

장식용 분당(사진 외) 적당량

준비

- 버터는 1cm 크기로 주사위썰기를 하고, 냉장고에 넣어 30분~1시간 정도 차게 한다.
- 피칸너츠는 오븐에서 저온(150~160℃)으로 4~5분 로스팅하여 고소한 향을 낸 뒤 완전히 식혀 3~5mm로 거칠게 자른다.
- 팬에 오븐 페이퍼(P.38 키훼른 참고)를 깔고 오븐은 170℃로 예열한다.
- 박력분을 체에 쳐둔다.

1

A를 모두 푸드 프로세서에 넣고 입자가 작아질 때까지 돌린다.

Point 보슬보슬한 상태가 되지 않으면 뭉치거나 식감이 좋지 않으므로 잘 돌려줄 것. 단, 그렇다고 해서 정도가 지나치면 한데 뭉쳐 다음 작업이 어려우므로 주의.

2

볼에 1과 피칸너츠를 넣고 실리콘 주걱으로 내리누르는 모양으로 섞는다.

3

한데 모아지면 손가락에 힘을 빼고 정리한다.

4

약 15g씩 나누어 손바닥에 올려 동그랗게 모양을 만든다. 이것을 팬에 간격을 벌려 놓는다.

5

오븐에서 20~25분, 겉면에 연한 색이 올라오면 망에 올려 완전히 식힌다.

Point 중심부까지 색이 나면 너무 오래 구워진 것이므로 주의한다. 바닥면의 색을 잘 기억해두자. 다 구워진 것부터 차례로 꺼낸다.

6

완전히 식으면 장식용 분당을 체로 뿌려준다. 한데 모은 뒤 작업하면 낭비를 줄일 수 있다. 틈 사이로 빠진 분당은 바닥면에 묻힌다. 충분히 묻혀야 맛이 좋다.

* 습기가 없는 곳에 보관하면(P.39 * 내용 참고) 1주 정도 맛이 유지된다.

허브 쇼트브레드

버터와 허브 향이 최상의 아름다운 조화를 이룬다. 타임이나 로즈메리는 말린 것이 아니라 반드시 생잎을 잘라서 사용한다. 생지는 달걀이 들어가지 않는 쇼트브레드 타입으로, 바삭한 식감과 가벼운 느낌을 머릿속에 그리며 만들어보자. 이것 역시 너무 익히지 않도록 주의할 것. 그래뉴당은 생지에는 미립 타입을, 마무리로 뿌려주는 것은 일반적인 입자 타입을 사용한다. 고베의 명문 쇼콜라티에 '라 피에르 블랑셰'의 인기 셰프 시라이와 다다시(白岩忠志) 씨의 특별한 레시피를 소개한다.

재료(약 13~14개분)

무염 버터(발효) 100g

그래뉴당(미립 타입, P.55 참고) 50g

A
- 박력분 102g
- 옥수수 전분 33g
- 소금 1g

타임(잎만 훑어서 준비) 2g

마무리용 그래뉴당(일반 입자 제품. 사진 외) 적당량

준비

- 버터는 P.27을 참고하여 적정 온도로 준비한다.
- 박력분과 옥수수 전분은 섞어서 체에 친다. 여기에 소금을 섞는다.
- 팬에 오븐 페이퍼(P.38 키훼른 참고)를 깔고 오븐은 170℃로 예열한다.

1 버터를 볼에 넣고 실리콘 주걱으로 이겨 전체적으로 덩어리가 없게 풀어준 뒤 그래뉴당을 넣는다.

2 거품기로 바꾸어 흰색이 돌 때까지 섞는다. 그래뉴당이 완전히 다 녹지 않아도 일단 OK.

3 다시 실리콘 주걱으로 바꾸어 A와 타임을 넣고 섞는다.

4 전체적으로 촉촉해지면 가볍게 누르는 느낌으로 한 덩어리가 될 때까지 섞는다. 여기서 다시 10회 정도 더 섞은 다음 손으로 모은다.

5 약 20g씩 나눈다. 이 각각을 손바닥으로 둥글리고 마무리용 그래뉴당을 뭉치지 않게 전체적으로 뿌려준다.

6 손바닥 사이에 넣어 동그랗게 눌러준 뒤 팬 위에 놓고 손가락 끝으로 지름 6cm, 두께 5~6mm가 되도록 펴준다. 허브(분량 외)로 장식하고 싶다면 이때 겉면에 살짝 올린다.

7 오븐에 넣어 13~15분, 바닥과 가장자리에 노릇하게 색이 올라오면 팬째 꺼내 그대로 1~2분 정도 둔다. 한 김 열이 식으면 스패출러 등을 이용해 망으로 옮겨 완전히 식힌다.

Point 갓 구워진 생지는 부드러우므로 잠시 두었다가 망으로 옮긴다. 생지가 얇아 열이 단시간에 통한다. 너무 오래 구워 전체적으로 갈색이 되지 않도록 주의한다. 잘 구워졌을 때의 바닥 색을 기억해두면 좋다.

＊ 타임 대신 로즈메리를 사용할 경우 향이 너무 강하므로 분량을 1g 정도 줄이도록 한다. 그 외 타라곤이나 차빌 등(타임과 동량 또는 취향에 따라 늘려도 좋다)도 다양하게 시도해보자. 잎은 약 4~5mm 너비로 잘라서 사용한다.

＊ 습기 없이 보관하고 향이 남아 있는 동안 가급적 빨리 먹도록 한다.

짭조름한 맛
파이쿠키 3종 (커민, 치즈, 참깨)

달달한 사블레가 아니라, 짭조름한 맛에 얇게 층이 나 있는 쿠키를 소개한다. 부드럽게 녹인 버터에 밀가루를 넣어 수분(여기서는 생크림)을 섞어주는 것만으로도 파이 층이 만들어진다. 참깨는 고소하게 볶은 것을, 치즈는 덩어리로 된 것을 갈아서 사용하자. 맛의 차이를 확연히 느낄 수 있을 것이다. 카레에 흔히 사용되는 커민은 씹힐 때 엑조틱한 향이 미각을 자극한다. 모두 맥주나 와인 안주로도 인기가 높다.

커민 파이쿠키

재료(1회에 만들기 쉬운 양의 기준)

무염 버터(발효) 150g
A
- 박력분 244g
- 통밀가루(박력) 33g
- 거칠게 빻은 통밀 7g
- 커민 씨 7g
- 소금 5g
- 그래뉴당(미립 타입, P.55 참고) 8g

생크림 100g

*생지를 만들면 냉장고에서 하룻밤 휴지시켜 다음 날 구우므로 만드는 법 **5**까지는 전날 미리 준비한다.

준비
- 버터는 P.27을 참고하여 적정 온도로 준비한다.
- 박력분은 통밀가루와 함께 체에 치고(단, 망 위에 남은 것도 마지막에 함께 넣는다). 여기에 A의 나머지 재료를 넣는다.

1 버터를 볼에 넣고 실리콘 주걱으로 개어 전체적으로 균일하게 풀어준 뒤 A를 넣어 실리콘 주걱으로 툭툭 자르는 느낌으로 섞는다. 이때 버터가 너무 부드럽게 풀어지지 않도록 주의한다.

2 밀가루 속으로 버터를 흡수시키는 느낌으로 저어주다. 간간이 아래에서 크게 뒤집듯 섞은 뒤 다시 볼을 돌려가며 전체적으로 덩어리가 보이지 않도록 만든다.

3 한데 뭉쳐지지 않도록 주의하면서 보슬보슬한 알갱이 상태로 만든다.

4 생크림을 돌려가며 부어주고, 실리콘 주걱으로 눌러주는 느낌으로 전체를 한 덩이리로 모아가며 섞는다.

5 적당량 나누어 랩으로 감싼 뒤 7~8mm 두께로 편다. 그대로 냉장고에서 하룻밤 휴지시킨다. 잡냄새가 밸 수 있으므로 랩으로 잘 쌌는지 꼼꼼히 확인한다.

6 오븐은 170~180℃로 예열한다. 생지 씌운 랩을 벗겨 4~5mm 두께로 펴준다. 생지 위와 아래 끝 부분은 남기고 밀대를 상하로 굴린 뒤 생지를 90도 회전시켜 같은 방식으로 밀어주면 끝 부분만 얇아지지 않고 두께가 균일해진다.

7 나무막대를 대고 파이 커터로 약 3cm 폭으로 세로로 자른 뒤 다시 비스듬하게 교차시켜 마름모꼴로 만든다. 모양이 나지 않는 가장자리 부분은 다시 모아 밀어서 모양을 만든다.

오븐 페이퍼를 깐 팬에 간격을 두어 올리고 15~20분, 바닥에 색이 살짝 올라올 정도까지 굽는다.

* 만드는 법 5의 상태로 냉동 보관도 할 수 있다. 소량으로 먹을 만큼만 굽고 싶을 때는 일부를 냉동 보관하는 것이 더 효율적이다. 이때는 랩으로 빈틈없이 밀봉할 것. 사용할 때는 냉장고에서 자연 해동한 후 6의 과정부터 진행한다.

참깨 파이쿠키

재료(1회에 만들기 쉬운 양 기준)

무염 버터(발효) 150g

A
- 박력분 233g
- 통밀가루(박력) 33g
- 참깨(흰깨 2 : 검은깨 1의 비율로 합쳐서) 88g
- 소금 3g 약간 더
- 그래뉴당(미립 타입, P.55 참고) 4g

생크림 100g

* 참깨는 고소하게 볶은 뒤 완전히 식혀서 사용할 것. 이후의 만드는 법은 커민과 동일하다. P.43의 사진은 생지를 자를 때 가로 부분도 똑바로 정사각형으로 자른 것이다.

치즈 파이쿠키

재료(1회에 만들기 쉬운 양 기준)

무염 버터(발효) 150g

A
- 박력분 244g
- 통밀가루(박력) 33g
- 소금 2g
- 그래뉴당(미립 타입, P.55 참고) 7g

파마산 치즈(혹은 에담 치즈. 덩어리를 갈아서 사용) 80g

생크림 100g

* 커민의 만드는 법 1~3에서와 마찬가지로 A를 섞은 뒤, 치즈를 넣어 만드는 법 4 이하와 동일하게 진행한다. 다만 구울 때 표면에 조금 더 색이 오를 때까지 둔다. 사진은 국화 모양 틀로 찍어낸 뒤 파이 커터로 반을 자른 것이다. 쿠키의 모양은 한입 크기로 큼직하게 자르거나 틀로 찍어내는 등 취향에 따라 자유롭게 하면 된다.

*모두 습기 없는 곳에 보관하면 며칠간은 유지되지만(P.39 * 내용 참고), 가급적 버터 향과 식감이 좋을 때 먹도록 하자.

스콘

반년에 걸친 수십 번의 시도 끝에
드디어 나의 이상적인 스콘 레시피가 완성되었다.
겉은 바삭, 안은 폭신폭신…
퍼석하거나 입안에서 뭉치지 않는 스콘!
영국 정통의 맛과는 차이가 있고
미국의 디저트 타입과도 또 다른,
지금까지 맛볼 수 없었던 오리지널 스콘이라 자신한다.
이 스콘을 만들 때는 박력분을 이용하길 바란다.
밀가루 본래의 고소한 향이 제대로 느껴진다.
여기에 생크림, 버터, 달걀이 맛을 한층 풍성하게 해주어
갓 구워 나왔을 때의 행복감은 이루 표현할 수 없을 정도.
생지 자체의 맛을 즐기는 플레인과
생지에 다양한 재료를 조화시킨 응용 레시피를 소개한다.
차갑게 식은 뒤에는 알루미늄포일에 싸서
오븐 토스터에 넣어 따뜻하게 데워 먹는다.

허브 스콘

참깨 스콘

호두와 건포도 스콘

플레인 스콘

발효 버터를 넉넉히 사용해 풍성한 맛을 내면서도 결코 무겁게 느껴지지 않는 스콘이다. 생크림이 들어가 겉은 바삭하고 안은 폭신하다. 버터를 냉장고에서 딱딱하게 될 때까지 충분히 얼리고, 푸드 프로세서에 돌릴 때 너무 잘게 갈지 말 것. 또한 반죽할 때 버터가 녹아 풀어지지 않도록 재빨리, 그러면서도 글루텐이 적당히 생성되도록 하는 것이 맛의 비결이다.

재료(지름 약 5.5cm 약 10개분)

A

- 박력분 165g
- 통밀가루(박력) 25g
- 베이킹파우더 10g

무염 버터(발효) 52g

그래뉴당(미립 타입, P.55 참고) 9g

소금 1g

B

- 우유 52g
- 생크림 52g
- 달걀 42g

준비

- 버터는 약 1cm 주사위 모양으로 잘라 냉장고에서 딱딱하게 될 때까지 얼린다(30분 이상).
- A를 모두 모아 체에 친다.
- B의 우유, 생크림, 달걀을 합쳐 냉장고에서 차갑게 해둔다.
- 팬에 오븐 페이퍼를 깔고 오븐은 190℃로 예열한다.

A를 체에 치고, 얼린 버터와 그래뉴당, 소금을 모두 푸드 프로세서에 넣어 10초 정도 돌린다.

Point 버터는 반드시 꽁꽁 얼려 사용하고 너무 잘게 갈지 않는다. 쌀알 크기 정도가 기준이다. 버터가 차가울 때 재빨리 돌려야 한다.

1을 볼에 옮겨 차갑게 해둔 B를 넣어 실리콘 주걱으로 한 덩어리가 되도록 재빨리 섞는다.

작업대에 밀가루를 뿌린 뒤 40~50회 정도 치댄다. 가볍게 누른 뒤에는 다시 돌려 생지의 각도를 바꿔가면서 전체적으로 반죽한다. 손의 열이 전달되지 않도록 최대한 손놀림을 빨리 한다(기온이 높을 때는 얼음 등으로 작업대를 차갑게 해둔다).

Point 처음에는 다소 끈적이는 느낌이지만 반죽을 하면서 정리되어간다. 손가락으로 눌렀을 때 살짝 되돌아올 정도의 탄력이 기준. 생지의 온도가 올라가 부드러워졌다면 이때 잠시 생지를 차갑게 하는 것도 좋다.

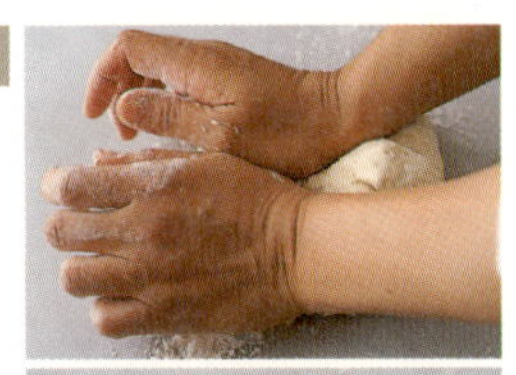

1.5cm 정도의 두께로 편다. 준비가 된다면 1.5cm 두께의 나무막대를 사진처럼 대고 작업을 하면 편리하다.

지름 6cm의 동그란 틀로 찍어낸다. 틀에 밀가루를 묻힌 뒤 작업하면 생지가 달라붙지 않는다. 여분이 없도록 최대한 뽑아낸다. 남은 생지는 다시 모아 역시 같은 모양으로 찍어낸다.

팬에 올려 윗면에 우유(분량 외)를 붓으로 발라주고, 중심에 양귀비 씨(분량 외. 없으면 생략한다)를 박는다. 오븐에서 20~25분, 부풀어올라 노릇하게 색이 날 때까지 굽는다.

오븐에서 꺼내 망에 얹는다. 따뜻할 때 먹는다. 차갑게 된 것은 알루미늄포일에 싸서 오븐 토스터에 데워 먹는다. 가능하면 만든 당일 모두 먹는 것이 좋다.

＊ 만드는 법 **1**의 과정에서 푸드 프로세서가 없는 경우 스크래퍼로 다져가며 섞는다.

"

허브 스콘

신선한 허브 향이 입안 가득 퍼진다. 평소 선호하는 허브도 좋고, 믹스한 것도 좋다. 나는 개인적으로 타임과 로즈메리를 좋아한다. 달지 않고 짭조름한 맛이라 크림치즈 등에 곁들이면 와인과도 잘 어울리고, 고기나 생선 요리에 함께 내도 부족함이 없다.

재료(지름 약 5.5cm 약 10개분)
P.52의 '플레인 스콘'의 재료
각자 취향의 신선한 허브(P.50 사진은 타임. 섞어도 좋다) 4g

준비
• '플레인 스콘'과 같다.
• 허브는 줄기에서 잎을 따내거나, 필요에 따라 잘게 썬다.

만드는 법은 '플레인 스콘'과 같고, 다만 만드는 법 2에서 B에 허브를 함께 섞는다. P.50의 사진은 얇게 펴서 동그란 모양의 작은 틀로 찍어낸 것(굽는 시간을 약간 짧게 한다).

참깨 스콘

참깨가 듬뿍 들어가 누구나 좋아하는 맛이다. 참깨는 반드시 만들기 직전에 볶아 고소한 향을 내서 사용한다. 생지에 참깨나 너츠를 넣을 때는 밀가루에 함께 버무리지만, 하나의 생지로 여러 종류를 만들고 싶을 때는 기본 재료를 모두 섞은 뒤 몇 개로 나누어 따로 반죽을 하면서 섞는다.

재료(지름 약 5.5cm 약 10개분)
P.52의 '플레인 스콘'의 재료
참깨(검은깨, 혹은 흰깨와 검은깨를 섞어서) 25g

준비
• '플레인 스콘'과 같다.
• 참깨는 볶아놓는다.

만드는 법은 '플레인 스콘'과 같다. 다만 만드는 법 2에서 B에 참깨를 함께 섞는다. 마찬가지로 틀로 찍어내서 굽는다

단맛을 최소한으로 줄인 약간 짭짤한 생지이므로 크림치즈나 훈제연어 등에 곁들이면 와인과도 잘 어울린다. 전채나 아침, 간식으로도 손색이 없다.

호두와 건포도 스콘

물에 부드럽게 불린 건포도와 고소하게 볶아낸 호두를 듬뿍 넣은 스콘. 플레인과 마찬가지로 휘핑크림이나 잼을 함께 내도 잘 어울리지만, 갓 구워냈을 때 바삭하면서 따뜻한 맛을 그냥 즐기는 것도 좋다. 여기서는 파이 커터로 큼직하게 잘라 카페에서 내는 스타일로 모양을 내보았다.

재료(10개분)
P.52의 '플레인 스콘'의 재료
호두, 건포도 각 45g

준비
• '플레인 스콘'과 같다.
• 호두는 볶아서 거칠게 자른다.
• 건포도는 미지근한 물에 불린다.

만드는 법은 '플레인 스콘'과 같다. 다만 만드는 법 2에서 B에 호두와 건포도를 넣어 함께 섞는다. 세로로 긴 직사각형으로 밀어 가로로 2등분한 뒤 중심을 향해 비스듬하게 칼집을 넣어 삼각형으로 5등분하면 P.51의 사진과 같은 모양이 된다. 굽는 방법은 역시 동일하다.

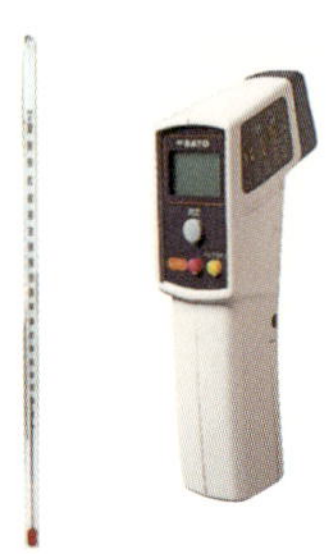

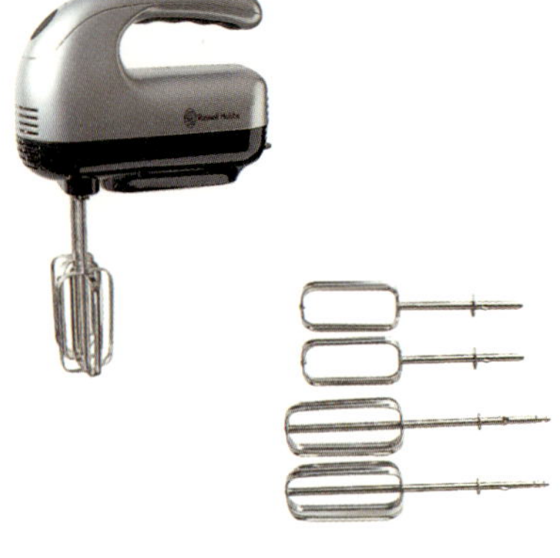

거품기와 볼

거품 내기용 볼은 지름 21cm, 깊이 11cm의 넓고 깊은 제품을 사용한다. 핸드믹서를 크게 휘저으며 거품을 낼 수 있는 넉넉한 것이 좋다. 거품기를 사용하여 섞을 때도 거품기와 깊이가 맞아야 사용하기 편리하다. 중탕을 하거나 소량을 섞을 때는 얕고 작은 볼이 편리하다.

온도계

P.27의 버터 사용법에도 언급하였지만 재료의 온도를 관리하는 것도 맛있는 생지를 만드는 데 매우 중요한 포인트다. 이때 요리용 온도계(사진 왼쪽)가 있으면 한층 정확하다. 이보다 편리한 것은 온도 센서기(사진 오른쪽). 재료에 자외선을 쏘여주면 디지털로 온도가 표시된다.

핸드믹서

거품 상태를 민감하게 살피다 보면 핸드믹서에 따라 거품을 내는 방식이 다르다는 것을 알게 된다. 힘의 차이는 물론이고, 주목해야 할 것이 바로 날개 모양이다. 끝으로 가면서 가늘어지는 모양보다는 똑바로 일직선이거나 불룩한 모양이 좋다. 끝이 가늘면 재료를 충분히 어우르지 못하고 시간도 더 소요된다. 날개 부분이 길고 큰 것(사진 아래)은 많은 양의 거품을 낼 때 효율적이다. 소량이라면 작은 날개의 믹서를 이용한다.

목장갑

목장갑 2개를 겹친 오븐 장갑이다. 뜨거울 때 오븐이나 팬에서 꺼내거나 중탕을 한 볼을 잡을 때도 큰 활약을 한다.

실리콘 주걱

생지 만드는 데 필수품. 내열성 실리콘수지 소재로, 일체형 제품이 좋다.

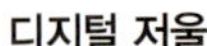

디지털 저울

1g 단위로 재료를 산출하는 경우는 디지털식이 아니면 정확하게 재기가 어렵다. 오랜 연구 끝에 얻어낸 배합이므로 가능하면 레시피에 따라 재료의 양도 맞춰주길 바란다. 디지털식은 용기의 무게를 뺄 수 있으므로 재료를 추가해서 측정할 때 편리하다.

스크래퍼

둥글게 커브가 있는 쪽은 볼 안의 생지를 바닥에서부터 섞거나 들어올려 팬에 넣을 때 이용한다. 일자형 쪽은 팬에 옮긴 생지를 평평하게 펴주거나 구석까지 빈틈없이 채워넣을 때 편리하다.

재료에 대하여

달걀

신선하고 맛있는 달걀을 사용하는 것이 매우 중요하다. 닭의 종류, 계절, 사육법 등에 따라 크기와 맛이 다르다. 고가의 제품이라고 무조건 좋은 것이 아니라 오히려 맛이 너무 강하면 생지의 풍미가 치우칠 수 있으므로 자신의 입맛에 맞는 것을 고르도록 하자. 일반적으로 중간 크기의 달걀을 추천한다. 큰 것은 노계가 낳은 것일 가능성이 높고, 대개 노른자보다 흰자 비중이 많기 때문이다.

버터

보통은 무염 버터를 사용한다. 그중에서도 사용 빈도가 매우 높은 발효 버터(사진 왼쪽)는 유산 발효시켜 만든 버터로, 은은한 신맛과 깊은 향이 나서 빵의 풍미를 살리는 일등공신이다. 발효 버터를 사용해야 하는 경우는 재료에 따로 표기해두었다. 보통의 무염 버터를 이용할 경우 맛에 상당한 차이가 있다. 향이 매우 강하므로 보통의 무염 버터(사진 오른쪽)가 어울리는 레시피와 혹은 양쪽을 모두 사용하는 레시피가 있다. 어쨌든 모두 산화되지 않은 신선한 것을 사용해야 한다.

생크림

순유지방 45%를 사용하고 있다. 맛, 풍미 모두 단연 돋보인다. 저지방이나 식물성지방 혼합 제품은 깊은 맛이 떨어진다.

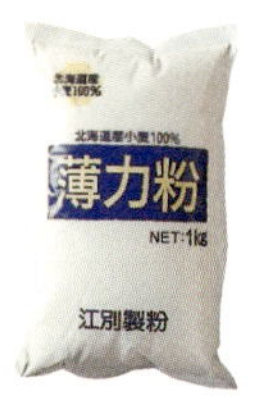

설탕

가장 많이 사용하는 그래뉴당은 제과용 미립 타입(사진 왼쪽)이다. 입자가 작은 만큼 차가운 달걀흰자나 버터에도 비교적 잘 녹기 때문이다. 설탕이 녹지 않으면 공기를 함유한 상태가 좋지 않거나 무거운 생지가 되기도 하고, 구워졌을 때 식감이 떨어지는 등 원하는 생지의 질을 얻을 수 없다. 미립 타입이 없는 경우는 일반적인 입자의 제품을 푸드 프로세서에 돌려 가늘게 해서 사용한다. 중탕하여 잘 녹이는 레시피에선 이 과정이 필요 없다. 일반적인 입자의 그래뉴당(사진 오른쪽)을 사용하는 경우는 재료에 따라 표시해두었다. 단순하게 그래뉴당이라 표시된 것은 어느 쪽을 사용해도 상관없다. 분당(粉糖)은 옥수수 전분 등이 들어가지 않은 순수한 제품을 사용한다.

밀가루

글루텐 형성이 적기 때문에 대부분 박력분을 사용한다. 밀가루에 따라서도 맛이 크게 좌우되므로 고소한 맛을 내는 밀가루를 선택한다. 개봉 후에는 습기에 주의하고 가급적 빨리 사용하는 것이 좋다. 입자가 곱고 단백질 양이 적어 글루텐이 잘 형성되지 않는 제품은 롤케이크 생지를 가볍게 만드는 데 도움이 된다.

너츠 파우더

아몬드(사진 위쪽), 코코넛(아래 왼쪽), 헤이즐넛(아래 오른쪽) 파우더는 산화되지 않은 신선한 제품을 고를 것. 냉장 보관하여 가급적 빨리 사용한다. 냉장 판매하는 가게라면 비교적 신용할 수 있다. 특별히 아몬드 파우더는 대두나 향신료를 첨가한 것이 있으므로 주의해서 선택할 것. 우리 숍에서는 '캘리포니아산 캐러멜종'이라고 하는 수입 아몬드를 사용하는데, 단맛이 있고 은은한 향이 나서 좋다.

시폰케이크

'지금까지 접해보지 못한 새로운 맛!'이라며 감탄하는 분들이 많다.
폭신폭신 가볍지만, 그 속에서도
달걀의 고소한 풍미와 촉촉한 식감, 깊은 맛까지 함께 느낄 수 있는
시폰케이크를 목표로 노력해온 나로서는 더할 나위 없이 기쁜 찬사다.
이 레시피에서 달걀노른자와 흰자는 동수로 사용한다.
흰자를 이용한 머랭으로 부피를 늘리는 것이 아니므로
부드러운 노른자의 풍미가 진하게 느껴진다.
단, 머랭 거품 내기와 노른자 생지를 섞는 데는 어느 정도 요령이 필요하다.
완성된 생지에는 사진처럼 크고 작은 공기구멍이 만들어져,
이것이 꽤 폭신폭신하면서도 의외의 즐거움을 만들어준다.
이를 위해 설탕의 양은 줄이고, 다소 거칠고 딱딱한 머랭을 만든다.
이 거품은 쉽게 꺼지는 단점이 있으므로 테크닉이 필요하다.
거품 내기의 중요한 승부처는 바로 속도.
핸드믹서 돌리는 법, 달걀흰자 다루는 법, 설탕 넣는 타이밍 등도
레시피 내용에 주의하여 따라주길 바란다.
너무 정성을 들인 나머지 속도가 느려지지 않도록 주의할 것.
바닐라빈이 들어간 플레인부터 휘핑크림이 들어간 것까지
다양한 바리에이션을 즐길 수 있는 것도 시폰케이크의 매력이다.

시폰케이크를 시작하기 전에!

달걀흰자를 살짝 얼린다

거품을 낼 때 가장자리 일부분이 얼 정도로 만들어둔다. 상온의 흰자보다 거품을 내는 데 다소 시간이 걸리지만 설탕을 줄인 만큼 쉽게 분리되는 단점을 보완하여 제대로 된 머랭을 만들 수 있다. 다만 그렇다고 해서 시간을 너무 오래 잡거나, 거품을 많이 내는 것도 좋지 않다. 핸드믹서를 크고 힘 있게 돌려 스피디하게 거품을 낸다.

흰자에 레몬즙을 더하고, 그래뉴당을 넣는 타이밍에 유의할 것

흰자의 거품과 안정성을 높이기 위해 꼭 잊지 말아야 할 것이 레몬즙이다. 그래뉴당을 넣는 타이밍 역시 포인트. 초반에 소량을 넣어 거칠어지지 않도록 한다. 크고 작은, 그러니까 약간은 고르지 않은 거품을 만들겠다고 의도하였더라도 머랭이 푸석푸석하면 노른자와 잘 섞이지 않고, 결과적으로 너무 많이 휘저어 오히려 거품이 꺼지는 사태가 생긴다. 힘이 없는 생지가 되는 것이다. 남은 설탕도 도중에 한 번에 넣으면 거품이 잘 나지 않으므로 시간이 지나치게 많이 소요되어 머랭이 힘없이 늘어지고 만다. 충분히 부풀지 않은 머랭으로는 폭신한 시폰케이크를 기대하기 힘들다.

샐러드유가 들어간 뜨거운 물을
노른자에 넣는다

시폰케이크의 경우 노른자 특유의 풍미를 살리려면 노른자에 설탕을 넣은 후 너무 많이 젓지 않는 것이 좋다. 그런 이유로 설탕을 첨가한 후에 들어가는 액체를 따뜻하게 해서 설탕을 녹여주는 연구가 필요하다. 온도가 높으면 머랭과 섞인 뒤에도 생지 전체에 유연성이 높아져 팬에 넣을 때 생지가 잘 어우러지는 장점이 있다. 덕분에 빈틈이 생기지 않고 큰 구멍이 자연스레 메워진다.

머랭과 노른자 생지를 섞은 뒤
상태에 주목한다

스펀지나 파운드케이크에서 밀가루를 넣고 섞는 것과 똑같이 머랭을 넣은 다음 실리콘 주걱으로 크고, 재빠르게 30~35회가량 저어준다. 덩어리가 없이 골고루 섞이면 멈춘다. 그 이상은 젓지 말 것. 팬에 넣을 때 생지가 줄줄 흐르는 상태면 NG. 실리콘 주걱으로 들어올려 거꾸로 했을 때 바로 떨어지지 않고, 폭신하고 탄력이 느껴진다면 제대로 된 것이다. 굽기 전의 생지도 눈으로 보았을 때 맛있고 예뻐야 한다.

바닐라시폰

달걀과 바닐라 향이 입안에 계속 남아 기분 좋게 만드는, 더할 나위 없이 부드러운 케이크다. 단순하면서도 각 재료의 맛이 살아 있는 생지이므로 질 좋은 바닐라빈(오일이나 에센스가 아니라!)을 사용하고, 달걀 역시 신선한 것으로 고른다. 그 자체의 맛도 각별하지만, 휘핑크림과 과일, 과일 소스를 곁들여 새콤달콤한 맛을 조화시켜 함께 즐기는 것도 좋다.

재료(지름 20cm의 시폰 팬 1개분)

- 달걀노른자 80g
- 그래뉴당(미립 타입, P.55 참고) 85g
- 샐러드유 50g
- 바닐라빈 1/4개
- 뜨거운 물 85ml
- 박력분 115g
- 베이킹파우더 5g
- 달걀흰자 160g
- 레몬즙 1/2작은술
- 그래뉴당(미립 타입) 50g

준비

- 달걀을 노른자와 흰자로 나누어 계량하고 흰자는 거품내기용 볼(구경 25cm 정도를 사용)째로 냉동고에 넣어 가장자리에 얼음이 얼 정도까지 둔다(볼째 넣기 힘든 경우는 작은 용기에 담아 냉동고에 넣고, 볼은 냉장고에서 차게 한다).
- 냉동시킨 흰자는 결이 고운 머랭을 만들기에 좋지만 그런 만큼 시폰케이크의 생지도 균일화되어 맛이 단조로워지므로 너무 오래 냉장하지 않도록 주의한다.
- 바닐라빈 깍지는 세로로 칼집을 넣어 안의 씨를 훑어내고 깍지째 샐러드유에 담근다.
- 박력분과 베이킹파우더를 함께 체에 친다.
- 오븐은 180℃로 예열한다.

1

노른자를 풀어 그래뉴당을 넣고 거품기로 가볍게 젓는다. 거품이 나거나 하얗게 색이 변할 정도까지 되지 않도록 주의. 거품을 너무 많이 내면 달걀의 풍미가 사라진다.

2

샐러드유(바닐라빈이 들어간 것)를 뜨거운 물에 붓고, 이것을 1의 볼에 합친다. 실리콘 주걱으로 그릇에 남은 바닐라빈과 기름을 깨끗하게 긁어 넣고, 전체적으로 어우러지도록 거품기로 저어준다.

3

체에 내린 밀가루를 한 번에 넣고 거품기로 휘휘 재빨리 섞는다.

4

흰 가루가 보이지 않을 때까지 섞는다. 단, 끈기가 생길 때까지 저어주면 안 된다. 바닐라 깍지를 빼낸다.

5

일부 얼음이 언 흰자에 레몬즙과 그래뉴당을 약간(50g 중에서) 넣고 핸드믹서를 저속으로 하여 가볍게 전체적으로 섞는다. 흰자가 너무 얼어 있는 경우는 잘 풀어줄 것.

6

흰자가 다 풀어지면 고속으로 높여 4분간 힘 있게 거품을 내고, 전체적으로 폭신하게 부풀어올라 볼 가장자리로 흰자가 튈 듯한 상태가 되면 남은 그래뉴당의 반을 넣고 30초간 힘차게 돌린다.

7

나머지 그래뉴당을 모두 넣고 다시 30초~1분간 고속으로 거품을 내서 전체적으로 폭신폭신한 상태를 만든다. 흰자가 실온으로 되돌아가지 않도록 재빨리 작업한다.

 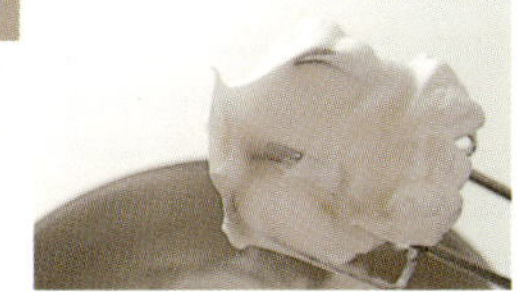

윤기가 나고 끝이 뾰족하게 선 짧은 뿔이 만들어질 때까지 저어준다. 단, 너무 시간을 오래 하여 푸석푸석해지지 않도록 주의한다.

4의 볼에 8의 머랭의 1/4~1/3 양을 넣는다. 거품기를 크게 휘저어 재빨리 섞고 매끈하게 되면 머랭 볼에 다시 넣는다.

실리콘 주걱으로 바꾸어 재빨리, 그리고 동작을 크게 하여 30~35회 섞는다(P.11 참고). 전체적으로 풍성하고 윤기 있는 생지로 완성. 주걱으로 떠서 거꾸로 들어도 바로 떨어지지 않는다.

스크래퍼로 생지를 떠서 팬에 몇 차례 나누어 담는다. 차례로 넣은 생지의 무게로 서로 자연스럽게 팬에 밀착하도록 한다.

팬의 70~80% 정도까지 넣는 것이 최적. 팬째 흔들어 표면을 평평하게 정리한다.

바로 오븐에 넣어 30~35분간 굽는다. 최고로 부풀어올랐다 살짝 가라앉고 빵의 갈라진 틈까지 노릇노릇 구워질 때까지 둔다.

오븐에서 꺼내 바로 팬째 거꾸로 돌려놓고 완전히 식힌다. 기온이 높은 때라면 한 김 식힌 뒤 냉장고나 냉동고에서 완전히 차게 하면 틀에서 쉽게 꺼낼 수 있다.

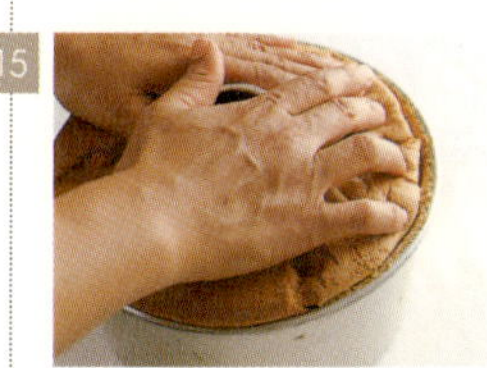

생지 주변을 팬에서 떼어내는 느낌으로 가볍게 눌러준 쥐 스패츌러를 가장자리에 꽂아 한 바퀴 돌려 빼낸다.

중심부도 나이프로 돌려준다.

바닥과 생지 사이에도 나이프를 넣어 팬을 돌리면서 떼어낸다.

팬에서 떼어내면 구운 당일 모두 먹도록 하자. 다만 팬째 랩을 둘러 비닐봉지로 밀봉하여 냉장 보관하면 2~3일은 맛이 유지된다.

* 그 자체로도 물론 맛있지만 부드럽게 거품을 낸 생크림과 과일, 여기에 과일 소스를 함께 곁들여 디저트나 티타임에 즐겨도 좋다.

향신료 풍미의 프루츠시폰

파운드케이크에서도 사용했던 핸드메이드 건과
일 향신료 절임(P.80)이 들어간 시폰케이크다.
절인 향신료를 그대로 넣어도 좋은데, 이렇게 하
면 향신료 주위의 생지까지 향이 퍼져 먹는 부분
에 따라서 색다른 맛이 느껴진다. 수제 케이크의
즐거움을 만끽할 수 있다.

재료(지름 17cm의 시폰 팬 1개분)

- 달걀노른자 45g
- 그래뉴당(미립 타입, P.55 참고) 40g

- 샐러드유 28g
- 건과일 향신료 절임의 즙 25ml
- 물 25ml

건과일 향신료 절임(P.80 참고)의 살구, 프룬,
무화과, 오렌지 껍질, 레몬 껍질 모두 합쳐 125g

- 박력분 65g
- 베이킹파우더 3g 약간 적게

- 달걀흰자 90g
- 레몬즙 1/4작은술
- 그래뉴당(미립 타입) 28g

• P.60 '바닐라시폰'의 준비 과정 중 바닐라빈 단계는 생
략된다. 향신료 절임 즙을 물과 함께 끓여 이것을 샐러드
유에 넣는다. 그 외는 모두 같다.

• 과일류는 체에 건져 시럽을 충분히 빼낸다.

* 과일류에 즙이 남아 있으면 생지의 과일 주변에 구멍
이 생긴다.

1 건과일 향신료 절임의 과일을 모두 가로세로 약 1.5cm
크기로 자르고, 껍질류는 잘게 채썬다.

2

'바닐라시폰'의 만드는 법 **1**, **2**(바닐라빈은 제외)와 같다. 여
기에 **1**의 건과일을 넣어 실리콘 주걱으로 섞는다.

3

박력분과 베이킹파우더를 함께 체에 쳐서 넣는다. 흰 가
루가 보이지 않을 때까지 재빨리 섞는다.

4

그다음은 '바닐라시폰'의 만드는 법 **5~17**을 참고. 분량
이 적은 만큼 거품 내는 시간을 조금 짧게 하고, 굽는 시
간은 25~28분을 기준으로 한다.

***** 지름 20cm 팬에도 구울 수 있다. 이때는 재료 분량을
'바닐라시폰'의 경우를 참고하여 바닐라빈은 빼고, 물과
건과일 향신료 절임의 즙을 45ml로 한다. 향신료에 절인
과일의 양은 합쳐서 210g으로 늘린다.

바나나 초콜릿시폰

바나나와 초콜릿은 아이들이 좋아하는 단맛이라 생각하기 쉬운데, 사실 부드러운 시폰 생지와 매우 잘 어울린다. 뿐만 아니라 서로의 장점을 한 층 돋보이게 해주는 최고의 궁합이다. 특별히 초콜릿 중에서도 가장 좋은 것은 밀크초콜릿. 비터나 스위트 타입보다 훨씬 잘 어울린다. 화이트초콜릿도 OK. 바나나를 으깨는 방법에도 나름의 요령이 있다.

재료(지름 20cm의 시폰 팬 1개분)

- 달걀노른자 80g
- 그래뉴당(미립 타입, P.55 참고) 70g

- 샐러드유 50g
- 뜨거운 물 60ml

- 바나나(잘 익은 것, 알맹이) 150g
- 레몬즙 2작은술

- 박력분 115g
- 베이킹파우더 5g

밀크초콜릿(또는 화이트초콜릿) 90g

- 달걀흰자 160g
- 레몬즙 1/2작은술
- 그래뉴당(미립 타입) 50g

- P.60 '바닐라시폰'의 준비 과정 중 바닐라빈 단계를 제외하고 그 외는 모두 같다.

1 바나나는 껍질을 까서 볼에 담아 거품기로 거칠게 으깨 레몬즙을 뿌린다.

Point 알갱이를 모두 없애지는 말 것. 또한 너무 익어 과즙이 흘러나올 정도로 익은 바나나는 적당하지 않다. 너무 숙성된 바나나를 사용하면 생지에 구멍이 생겨 좋지 않다.

2 초콜릿은 거칠게(6~8mm) 잘라 다소 굵은 체에 쳐서 체에 남은 것만 계량하여 90g을 준비한다.

Point 가루 초콜릿이 들어가면 생지의 색이 탁해지므로 주의.

3 '바닐라시폰' 만드는 법 1, 2(바닐라빈은 제외)와 같은 방식으로 진행하고, 여기에 1의 바나나를 넣어 섞는다.

4 체에 쳐둔 박력분과 베이킹파우더를 넣어 흰 가루가 보이지 않을 때까지 재빨리 섞는다.

5 '바닐라시폰' 만드는 법 5에서 8까지 같은 방식으로 머랭을 만들고, 만드는 법 9, 10을 참고하여 4의 생지와 섞는다. 여기에 2의 초콜릿을 넣어 크게 휘젓는다.

6 이후 과정 역시 '바닐라시폰'의 만드는 법과 동일하다. 180℃의 오븐에서 35~40분 구워낸다.

피낭시에

볶은 버터와 아몬드 파우더, 달걀흰자를 주재료로 사용한 낭만적인 케이크.
아몬드를 다른 너츠류로 바꾸거나 내용물에 변화를 주고
틀과 굽는 방식을 달리할 수 있으며, 버터 태우는 정도에도 차이를 두어
같은 피낭시에라도 다양한 개성으로 즐길 수 있다.
다만 어떤 경우에도 버터와 너츠 파우더만큼은 품질 좋은 제품으로 엄선해야 한다.
가장자리가 바삭해질 정도로 고온에 굽고,
안은 포실포실 부풀리는 것이 만들기의 기본.
다채로운 생지의 식감도 피낭시에의 매력에서 빼놓을 수 없다.
틀에는 버터를 넉넉히 발라 오븐 안에서
마치 가볍게 튀기는 느낌이 들 정도로 충분히 배어들도록 한다.
살구 피낭시에는 과일의 신맛이 달콤한 버터 맛의 생지와 조화를 이루고,
고구마 피낭시에는 내용물과 생지의 일체감이 특별하다.

피낭시에(아몬드 풍미)

피낭시에
(아몬드 풍미)

갓 구워냈을 때 겉과 속의 식감이 다르고, 다음 날부터는 촉촉한 풍미가 더해지는 놀라운 맛. 이를 위해서는 틀 선택에도 요령이 있다(오른쪽 내용 참고). 입에 닿는 순간 버터의 고소한 맛이 인상적으로 전해진다. 이를 위해서는 틀에 버터를 충분히 발라주어 고온에서 구워내는 것이 비결. 깊이감 있는 감칠맛을 제대로 살릴 수 있다. 물엿의 효과는 보습성을 높여 촉촉한 식감을 유지시키는 것이다. 만약 준비가 되지 않는다면 그 분량만큼 그래뉴당을 더 넣어도 된다.

재료(8×5cm 다소 높이가 있는 사각 피낭시에 틀 17개분)

달걀흰자 138g

A

  ┌ 박력분 57g

  │ 아몬드 파우더 57g

  └ 그래뉴당(미립 타입, P.55 참고) 140g

무염 버터(발효된 것, 발효되지 않은 것)

각 65g

물엿 3g

* 물엿이 없으면 그래뉴당을 3g 추가한다.

준비

· 실온에 둔 무염 버터(분량 외)를 붓으로 틀에 충분히 발라준다. 기온이 높은 시기에는 버터를 바른 뒤 사용할 때까지 냉장고에 넣어둔다.

· A를 모아 체에 친다.

* 체의 눈이 가늘어 함께 치기 힘들 때는 아몬드 파우더와 그래뉴당은 굵은 망에 친 뒤, 따로 체에 친 박력분과 합쳐 거품기로 잘 섞어준다.

· 물엿을 볼에 넣고 중탕하여 부드럽게 한다.

· 오븐은 210℃로 예열한다.

1

좁고 오목한 냄비에 버터를 넣고, 옆에는 물이 담긴 볼을 함께 준비한다. 냄비를 중간보다 약간 센 불에 올려 간간이 주걱으로 저어준다. 사진 정도로 짙은 갈색이 나면 멈추고 냄비 바닥을 물에 적신다. 이후엔 따뜻한 상태를 유지한다.

2

볼에 달걀흰자를 넣고 거품기로 끈끈한 것을 끊어주는 느낌으로 풀어준다. 아래엔 미지근한 물을 대어 중탕하여 사람 피부 정도로 따뜻하게 한다. 거품이 많이 나지 않도록 섞는다.

3

물엿이 있는 볼에 **2**의 흰자 일부를 넣어 잘 섞는다. 다시 **2**의 볼에 부어 전체적으로 어우러지도록 저어준다.

4

A를 **3**에 넣어 거품기로 충분히 섞는다. 가볍고 매끈한 느낌이 날 때까지.

5

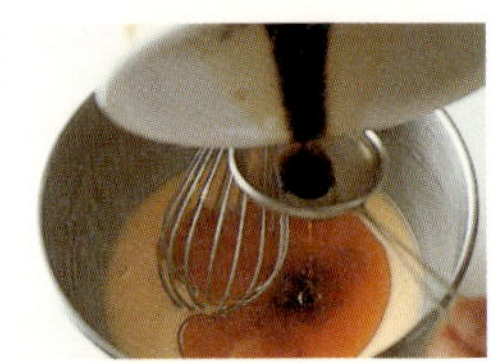

1의 태운 버터를 따뜻할 때 체에 걸러 **4**에 넣고 거품기로 저어준다.

Point 매끈하고 걸쭉한 생지가 된다.

6

준비해둔 틀에 스푼 등으로 똑같이 8분 분량으로 생지를 담고 오븐에 넣는다. 10분간 210℃에 구운 뒤 200℃로 내려 다시 5분간 더 굽는다.

7

틀에서 꺼내 망 위에서 식힌다.

* 생지를 틀에 담을 때 짤주머니로 짜주어도 좋다. 익숙해지면, 또는 양이 많을 때는 그쪽이 더 빠르다.

* 건조해지지 않도록 밀봉하여 냉장 보존하면 약 1주 정도는 맛이 유지된다(먹기 전에 실온에 잠시 둘 것).

코코넛 피낭시에, 헤이즐넛 피낭시에

기본의 아몬드 피낭시에와 마찬가지로 무염 버터와 발효 무염 버터를 함께 사용하여 너츠 향을 제대로 살린다. 단, 발효 버터만 넣을 경우 풍미가 너무 강해지므로 주의하자. 코코넛, 헤이즐넛 피낭시에는 너츠의 맛이 진하게 느껴지는 박력 있는 케이크다.

재료

(조개 모양, 하트 모양 등 한입에 먹을 수 있는 크기의 1회 분량 기준.
P.70의 '피낭시에'와 같은 8×5cm 사각의 피낭시에 틀이라면 17개분)
달걀흰자 138g

A (코코넛 피낭시에)

- 박력분 57g
  아몬드 파우더 22g
  코코넛 파우더 33g
  코코넛 파인 * (160℃ 오븐에서 6~7분 로스트한 것)
  20g
- 그래뉴당(미립 타입. P.55 참고) 140g

A (헤이즐넛 피낭시에)

- 박력분 57g
  아몬드 파우더 14g
  헤이즐넛 파우더 43g
- 그래뉴당(미립 타입) 140g

무염 버터(발효된 것, 발효되지 않은 것) 각 65g 물엿 3g

*코코넛 파우더/코코넛 파인: 코코넛 과육의 분쇄 정도에 따른 차이다. 가장 가는 분말 상태가 코코넛 파우더, 그보다 조금 거친 것이 코코넛 파인, 길쭉하게 썬 코코넛 롱이 있다.

준비와 만드는 법은 각각 P.70의 '피낭시에'와 동일.

* 굽는 시간은 틀의 크기에 따라 달라지므로 표면의 색을 보고 판단한다. 노릇하게 색이 잘 날 때까지가 기본이지만, 기본 틀보다 두께가 얇거나 작은 경우 오븐 온도를 200℃로 하여 연한 갈색이 날 때 마무리하는 것이 부드럽게 구워진다. 틀은 한입 크기의 모양이라도 가급적 깊이감이 있는 오목한 것이 좋다.

살구 피낭시에

달걀흰자를 가볍게 거품 내어 깊이감이 있는 틀에서 구워낸 폭신한 느낌의 피낭시에다. 버터 태우는 정도를 최소한으로 하여 한층 부드럽게 느껴진다. 이 생지는 건살구의 달콤새콤한 맛이 절묘하다. 프룬이나 오렌지 껍질 등을 넣어도 반응이 좋다.

P.72의 '고구마 피낭시에' 참고.
재료와 준비는 고구마, 고구마를 볶는 버터, 소금, 참깨를 제외하고 건살구 60g을 미지근한 물에 불려 5~6mm 사각으로 잘라 준비한다.
생지를 만든 다음 마지막에 살구를 섞어 버터를 바른 작은 틀에 넣어 190℃의 오븐에 15~20분, 표면에 노릇하게 색이 올라올 때까지 굽는다. 틀에서 꺼내 망 위에서 식힌다.

* 금속제의 깊이가 있는 틀이 좋지만 1인용 젤리 틀이나 푸딩 틀을 이용해도 된다.

피낭시에 틀을 선택할 때는 깊이감이 있는 오목한 것이 좋다. 다소 두텁게 굽는 것이 겉과 속의 맛에 변화가 있어 좋다. 틀의 깊이가 얕으면 생지 전체가 딱딱하게 되어 평범해지기 쉽다.

고구마 피낭시에

살구 피낭시에와 생지 만드는 방법은 같지만, 버터에 볶은 고구마와 빵의 일체감이 전혀 새로운 느낌을 준다. 마치 화과자를 연상시키는 섬세한 풍미. 틀은 가능하면 포플러나무로 만든 제품을 사용하면 좋겠다. 특유의 부드러운 촉감으로 구워져 이 피낭시에와 딱 어울린다. 이 레시피는 고구마 명산지 가고시마 현에 있는 '봉 비봉(Bon Vivont)'의 오너 셰프 요시쿠니 나오미 씨로부터 전수받아 나의 스타일을 가미한 것이다.

재료(12×6cm 얇은 포플러나무 소재의 틀 5개분)

- 고구마(껍질을 군데군데 깐다) 110g
- 무염 버터 10g

달걀흰자 152g

그래뉴당(미립 타입, P.55 참고) 84g

A
- 아몬드 파우더 60g
- 분당 60g
- 소금 조금

박력분 60g

무염 버터(발효) 130g

참깨(흰깨 검은깨 합쳐서) 20g

준비

- 고구마는 1cm 남짓한 크기로 주사위썰기 하여 물에 살짝 담갔다가 꺼내 물기를 뺀다.
- A를 합쳐서 체에 친다.
- 박력분을 체에 친다.
- 나무나 종이 틀을 사용할 때는 종이 또는 시트지를 깔아두고, 도기 틀을 사용할 때는 안쪽에 버터(분량 외)를 바른다.
- 깨는 볶아서 열을 식혀둔다.
- 오븐은 190℃로 예열한다.

고구마를 버터에 볶는다. 전체적으로 노랗게 색이 나고 버터가 골고루 잘 배면 OK. 종이에 올려 여분의 기름을 뺀다.

오목한 냄비에 버터를 넣고, 물을 담은 볼을 함께 준비한다. 중간보다 약간 센 불에서 버터를 주걱으로 저어준다. 고소한 향이 올라오고 갈색이 나기 시작하면 바로 냄비를 물 위에 댔다가 완전히 식지 않도록 바로 들어 올린다. P.70의 '피낭시에'보다 옅은 색을 내는 것이 포인트.

볼에 달걀흰자를 넣어 거품기로 윗면에 자잘한 거품이 생기도록 가볍게 저어준 뒤 그래뉴당을 넣어 충분히 섞는다. 줄줄 흐르는 상태.

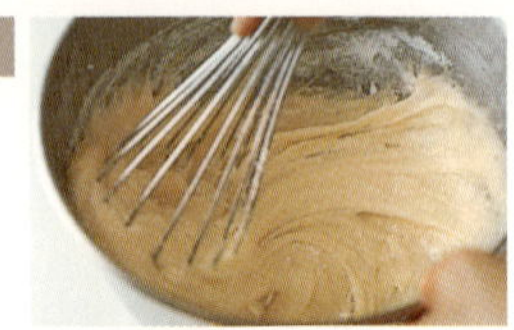

A를 넣어 잘 섞은 다음 박력분을 넣어 다시 휘휘 젓는다. 걸쭉하고 부드럽게 된다.

2의 버터를 따뜻할 때 넣고 거품기로 휘휘 저어 다시 잘 섞는다. 혹시 냄비 바닥에 버터가 눌어 있다면 체에 걸러서 넣는다.

틀의 80% 정도까지 생지를 흘려 넣는다.

1의 고구마를 올리고 위에 참깨를 넉넉히 뿌려 오븐에 넣는다. 190℃에서 10분간 구워준 뒤 180℃로 내려 다시 15분간 구워 틀째 식힌다.

* 건조되지 않도록 밀봉해서 냉장 보관하면 5~6일은 유지된다(먹을 때는 상온에 잠시 둔다). 구운 당일은 소재의 맛과 식감이 두드러지고, 하루가 지나면 고구마와 생지의 일체감이 느껴지는데, 둘 다 맛이 좋다.

| 틀은 직사각형이나 타원형이면서 깊이감이 있는 타입이 좋다. 원형일 경우는 정중앙만 크게 부풀어오르고, 깊이가 얕으면 촉촉하면서 조화로운 본연의 맛을 내기 힘들다.

고구마 피낭시에

치즈케이크

다양한 치즈케이크 중에서 이 책에 어울리는 것이 무엇일까 생각하다가
가장 먼저 떠오른 것이 바로 이 2가지다.
첫 번째는 짙은 치즈 맛을 200% 만끽할 수 있는 베이크드 치즈케이크.
호두가 들어간 바닥 생지와 찰떡궁합이다.
다른 하나는 입에 넣는 순간 사르르,
그대로 녹아버릴 듯한 수플레 치즈케이크.
섬세한 식감과 더불어 치즈 향이 마음까지 사로잡는다.
과일이나 초콜릿 등의 부재료나 알코올 향이 없는 심플한 생지 그 자체,
그리고 치즈를 부드럽게 즐길 수 있는 명품 치즈케이크를 소개한다.

베이크드 치즈케이크

수플레 치즈케이크

베이크드 치즈케이크

쿠키 생지는 푸드 프로세서로 혼합하고 나머지는 순차적으로 재료를 섞기만 하면 되는 매우 간단한 레시피다. 꼭 한번 도전해보길 바란다. 치즈 생지 부분은 구운 뒤 이틀째부터 맛이 고루 배어들지만, 쿠키 생지는 2~3일이 지나면 눅눅해지므로 구운 다음 날이 최적이다. 뒤에 소개하는 수플레 치즈케이크와 함께 크림치즈는 프랑스 벨 사의 '키리(kiri)' 제품을 사용하였다. 가장 맛이 진하고 좋다.

재료(지름 18cm의 스펀지 팬 1개분)

치즈 생지

┌ 크림치즈 330g
│ 그래뉴당(미립 타입, P.55 참고) 100g
│ 사워크림 145g
│ 무염 버터 37g
│ 바닐라빈 1/3개
│ 달걀 90g
│ 달걀노른자 30g
└ 옥수수 전분 11g

쿠키 생지

┌ 박력분 70g
│ 무염 버터(발효) 35g
│ 호두(껍질 깐 것) 35g
│ 그래뉴당(미립 타입) 20g
└ 소금 조금

* 팬은 바닥이 붙어 있는 일체형을 사용한다.

준비

- 쿠키 생지의 버터를 1cm 주사위썰기 하여 냉동고에서 완전히 얼린다.
- 옥수수 전분, 박력분은 각기 체에 친다.
- 치즈 생지의 사워크림, 버터는 실온에 두어 부드럽게 한 뒤 각각 볼에 넣어 실리콘 주걱으로 개어둔다.
- 바닐라빈은 깍지에서 씨를 훑어낸다.
- 팬 바닥에 둥근 오븐 페이퍼를 깔고 가장자리에 대는 종이도 별도로 준비해둔다.
- 오븐은 180℃로 예열해둔다.

1 우선 쿠키 생지를 굽는다. 푸드 프로세서에 박력분, 얼린 버터, 호두, 그래뉴당, 소금을 넣고 쌀알 크기가 될 정도로 돌려준다. 약 10초가 기준.

2 준비한 팬에 **1**을 넣어 평평하게 하고 손가락으로 눌러 빈틈없이 메워준다. 오븐에서 15~17분, 엷은 갈색으로 구워지면 오븐에서 꺼낸다. 오븐은 160℃로 해놓는다.

3 치즈 생지를 만든다. 크림치즈는 동일한 두께로 잘라 랩으로 감싼 뒤 부드러워질 정도로만 전자레인지에 돌린다.

4 **3**을 볼에 넣어 바닐라빈에서 훑어낸 씨와 그래뉴당을 넣어 실리콘 주걱으로 섞는다.

5 **4**의 크림치즈에 실온에서 부드럽게 해둔 버터, 사워크림을 차례로 넣고 그때마다 거품기로 섞는다.

6 달걀과 노른자를 섞는다. 이것을 **5**의 볼에 3~4회로 나누어 넣고 그때마다 거품기로 골고루 잘 저어준다.

7 옥수수 전분을 한꺼번에 넣어 거품기로 재빨리 젓는다.

8 쿠키 생지의 열이 한 김 빠지면 생지 가장자리로 스패츌러를 돌려 틈을 만들어 오븐 페이퍼를 빈틈없이 끼워 넣는다.

팬의 쿠키 위에 치즈 생지를 흘려 넣는다.
실리콘 주걱 끝으로 평평하게 펴주고 큰 기
포는 꼬챙이로 터뜨려준다.

팬에 팬을 올리고 뜨거운 물을 1~1.5cm가
량 바닥에 부어준 다음 오븐에서 50분~1
시간 쪄준다.

표면에 노릇하게 색이 올라오면 오븐의 불
을 끄고 그 상태로 40분~1시간가량 두어
천천히 식힌다.

팬째로 랩을 감아 냉장고에 넣어두었다가,
먹기 직전 팬에서 꺼낸다. 바닥의 오븐 페이
퍼는 붙인 채로 둔다. 팬에서 잘 나오지 않
을 때는 바닥을 중불에 직접 쏘여 따뜻하게
한 뒤 흔들어 틈이 생길 때 손가락 5개로 지
지하면서 거꾸로 잡아 빼낸다.

맛이 전체적으로 조화를 이루고 풍미가 깊
어질 때(약 이틀 뒤)에 먹는 것이 좋다. 다만
바닥의 쿠키 생지는 쉽게 눅눅해지므로 그
전에 챙겨 먹는다.

수플레 치즈케이크

커스터드크림에 치즈와 머랭를 넣어 폭신한 수플레 생지를 만든다. 여기서 머랭은 시폰케이크보다 결이 곱고 부드럽게 만든다. 오븐 팬 바닥에 물을 부어 쪄서 구워내는 방식은 같지만, 절대 시간을 넘겨서는 안 된다. 완전히 구워지기 전에 불을 끄고 남은 잔열을 이용한다. 바로 이것이 '한 번 먹으면 잊을 수 없는' 수플레 치즈케이크의 비법이다.

재료(지름 18cm 스펀지 팬 1개분)

크림치즈 300g

무염 버터(발효) 45g

┌ 달걀노른자 57g
└ 그래뉴당(미립 타입, P.55 참고) 20g

옥수수 전분 11g

우유 150g

┌ 달걀흰자 95g
└ 그래뉴당(미립 타입) 55g

* 팬은 바닥이 붙어 있는 일체형을 사용하고 가급적 높이가 있는 것이 좋다.

준비

· 버터는 중탕을 하여 녹인다.

· 흰자를 P.60의 '바닐라시폰'의 준비 단계와 동일한 방식으로 차게 해둔다. 거품 내기용 볼에 넣어 가장자리에 얼음이 살짝 낄 정도까지.

* 단, 여기서는 결이 고운 머랭을 만드는 것이므로 냉동 보관한 달걀흰자를 위와 같은 상태까지 해동해서 사용해도 무방하다.

· 옥수수 전분을 체에 친다.

· 팬의 가장자리에 오븐 페이퍼를 두른다. 아래는 가위집을 넣어 접어 넣고, 팬보다 약 1cm 정도 올라오는 길이가 적당하다. 바닥에는 원형 유산지를 깐다.

· 오븐은 180℃로 예열한다.

1

크림치즈를 P.76의 '베이크드 치즈케이크' 만드는 법 3을 참고해서 전자레인지에 체온 정도로 데워 버터와 함께 크고 깊은 볼(구경 25cm 정도)에 넣어 거품기로 잘 젓는다.

Point 살짝 분리된 듯 거칠어도 상관없으므로 잘 저어줄 것.

2

다른 볼에 달걀노른자와 그래뉴당을 넣어 잘 섞은 뒤 여기에 옥수수 전분을 넣어 다시 저어준다.

3

우유를 끓여 2의 볼에 넣어 섞어주고, 중탕을 한 상태에서 거품기로 걸쭉한 느낌이 날 때까지 섞는다. 중탕하는 물은 팔팔 끓인 물로 준비하고 재빨리 저어주어야 한다.

4

3이 아직 뜨거울 때 1의 볼에 넣어 부드럽게 될 때까지 신속하게 섞는다.

5

일부 얼음이 언 상태의 달걀흰자에 그래뉴당 55g 중 약간만 넣고 핸드믹서를 2분 정도 돌려 70% 상태의 거품을 낸다. 고운 결을 위해 핸드믹서는 너무 고속으로 돌리지 말 것.

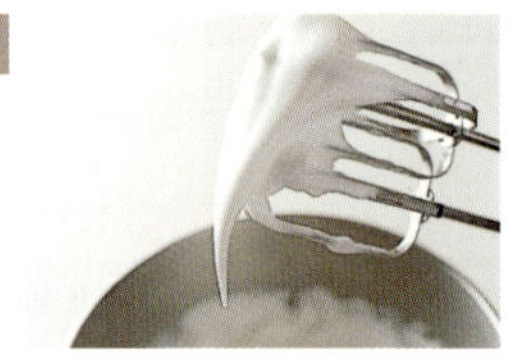

6

남은 그래뉴당의 반을 넣고 다시 30초 정도 거품을 낸 다음 나머지 그래뉴당을 넣는다. 이번에는 핸드믹서로 천천히 원을 그리며 거품을 내고 들어올렸을 때 끝이 천천히 휘어지는 정도의 머랭을 만든다.

Point 결이 곱고 부드러운 머랭을 만들 것. 너무 힘이 있고 단단하게 만들면 입안에서 녹는 식감이 좋지 않다.

머랭의 1/4 정도를 **4**의 볼에 넣는다. 실리콘 주걱으로 바닥에서 떠가며 크게 섞어준다.

나머지 머랭을 넣어 섞는다(P.11 참고). 전체적으로 잘 섞이면 OK.

팬에 부어 팬째로 흔들어 평평하게 하고 스크래퍼 등으로 표면을 정리한다. 큰 기포를 꼬챙이로 찔러 없앤다.

팬을 오븐 팬에 놓고 뜨거운 물을 1~1.5cm 정도 붓는다. 15분 정도 구운 뒤 160℃로 내려 다시 25분, 표면에 옅은 색이 올라오는 정도까지 굽는다. 불을 끄고 40분~1시간 그대로 둔다.
Point 잔열로도 굽는다는 것을 미리 염두에 두고 상태를 조절한다. 오븐에 따라서는 색이 나지 않더라도 익는 경우가 있으므로 너무 오래 굽지 않도록 할 것.

오븐에서 꺼내 완전히 식힌 뒤 랩을 둘러 팬째 냉장고에 넣어 차갑게 한다. 먹을 때 팬에서 꺼낸다. 바닥의 종이는 붙인 채로 둔다.

전체적으로 작업은 재빠르게. 거품 상태가 변하지 않도록 순서를 착착 진행시킨다.

* 구운 당일보다 다음 날이 전체적으로 조화를 잘 이루어 맛이 좋다. 다만 너무 오래 두면 변질될 수 있으므로 가급적 빨리 먹을 것.

건과일 향신료 절임

재료(약 1L분)

무화과 말린 것 250g

살구 말린 것 150g

프룬 말린 것 150g

시럽

┌ 물 700ml

│ 그래뉴당 150g,

│ 카다멈 * 7~8알

│ 정향 7~8알

│ 바닐라빈 1/2~1개

│ 검은 통후추 9알

│ 월계수 잎 5~6장

│ 생강편 2~3장

│ 레몬 껍질(노랑 껍질 부분만) 1/2개분

└ 오렌지 껍질 1/2개분

*카다멈: 생강과의 다년생 식물, 또는 그 열매로, 향신료로
주로 이용된다.

---

1. 카다멈과 정향은 비닐봉지 등에 넣어 면봉으로 두드려 가볍게 으깬다. 바닐라빈은 세로로 칼집을 넣어 씨를 빼낸다. 깍지도 함께 사용한다.

2. 냄비에 시럽의 재료를 넣고 5분 정도 졸여 향을 낸 뒤 그대로 식힌다.

3. 2가 완전히 식으면 건과일을 모두 넣어 깨끗하게 소독한 보존병에 넣는다. 냉장하여 두고 5일 정도 후부터 사용한다.

* 살구가 너무 딱딱하면 세로로 잘라 사용하면 맛이 잘 배어든다.

* 시럽에 계피스틱을 1개 넣어도 좋다. 취향에 따라 선택할 것.

* 과일은 그대로 먹어도 좋고, 케이크 등에 첨가하는 것 외에 요구르트, 아이스크림 등에 곁들여도 제격이다. 시럽은 행인두부*, 바바루아* 등에 뿌려 먹어도 좋다.

*행인두부: 살구 씨를 갈아 한천이나 젤라틴으로 굳힌 중국의 디저트. 차게 해서 먹는다.
*바바루아: 과일, 생크림, 젤라틴, 달걀, 설탕 등에 과일즙을 얹어 차갑게 굳힌 프랑스식 디저트

생강 절임

재료(1회에 만들기 쉬운 양을 기준)

생강(껍질을 벗겨 6~7mm로 썬 것) 300g

┌ 그래뉴당 250g

└ 물 450ml

"

그래뉴당과 물을 냄비에 넣어 녹인다. 생강을 더해 한소끔 끓인 뒤 뭉근한 불에 1시간가량 조린다. 생강에 아삭한 식감이 남는 정도까지 할 것.

소독한 보존 용기에 담아 냉장 보관하면 약 3개월 정도 유지된다. 생강을 잘라 타르트의 아몬드크림에 섞거나 아이스크림에 함께 첨가해도 맛있다. 시럽은 소다수(무당)에 섞어 핸드메이드 진저에일을 만들어도 좋다.

라즈베리잼

재료(약 350ml 분량)

라즈베리(냉동 제품도 가능) 230g

물 50ml

A

┌ 펙틴 3g

└ 그래뉴당 20g

물엿 90g

그래뉴당 170g

라즈베리와 물을 냄비에 넣고 중불에 올려 거품기로 으깨면서 한소끔 끓인 후 불을 끈다.

A를 합쳐 **1**에 넣고 잘 섞는다. 다시 불을 켜서 간간이 저어주며 2~3분간 졸인다.

물엿과 그래뉴당을 2회에 걸쳐 나눠 넣고 5분 정도 보글보글 끓는 정도에서 불을 조절하여 졸인다.

쿠키용의 조금 딱딱한 잼으로 만든다. 빵이나 스콘 등에 발라 먹는 것이라면 졸이는 시간을 조금 줄여 묽게 만드는 것이 좋다.

맛있다! 빵 반죽

초판 1쇄 발행 2014년 4월 10일
초판 3쇄 발행 2018년 10월 10일

지은이 고지마 루미
옮긴이 송수영
펴낸이 명혜정
펴낸곳 도서출판 이아소

북디자인 정계수

등록번호 제311-2004-00014호
등록일자 2004년 4월 22일
주소 121-841 서울시 마포구 월드컵북로5나길 18 대우미래사랑 1012호
전화 (02)337-0446 **팩스** (02)337-0402

책값은 뒤표지에 있습니다.
ISBN 978-89-92131-83-4 13590

도서출판 이아소는 독자 여러분의 의견을 소중하게 생각합니다.
E-mail: iasobook@gmail.com